电子电气信息类专业系列教材

>>>> 王新蕾 左官芳 编著

# 移动通信与光纤通信实践教程

江苏大学出版社
JIANGSU UNIVERSITY PRESS
镇 江

**图书在版编目(CIP)数据**

移动通信与光纤通信实践教程 / 王新蕾,左官芳编
著. —镇江:江苏大学出版社,2020.12
ISBN 978-7-5684-1506-4

Ⅰ.①移… Ⅱ.①王… ②左… Ⅲ.①移动通信②光
纤通信 Ⅳ.①TN929.5②TN929.11

中国版本图书馆 CIP 数据核字(2020)第 239814 号

**移动通信与光纤通信实践教程**
Yidong Tongxin Yu Guangxian Tongxin Shijian Jiaocheng

编　著/王新蕾　左官芳
责任编辑/徐　婷
出版发行/江苏大学出版社
地　　址/江苏省镇江市梦溪园巷 30 号(邮编:212003)
电　　话/0511-84446464(传真)
网　　址/http://press.ujs.edu.cn
排　　版/镇江市江东印刷有限责任公司
印　　刷/江苏凤凰数码印务有限公司
开　　本/787 mm×1 092 mm　1/16
印　　张/13.25
字　　数/288 千字
版　　次/2020 年 12 月第 1 版　2020 年 12 月第 1 次印刷
书　　号/ISBN 978-7-5684-1506-4
定　　价/50.00 元

如有印装质量问题请与本社营销部联系(电话:0511-84440882)

# 前　言

参照教育部高等学校教学指导委员会编写的《普通高等学校本科专业类教学质量国家标准》（高等教育出版社，2018），结合目前移动通信与光纤通信实验课程教学的基本要求，编写了本书。

本书是"移动通信"与"光纤通信"课程的实验教材，旨在将移动通信和光纤通信中的重点和难点理论知识通过实验进行验证，巩固已学知识，逐步培养和提高学生独立分析和工程应用的能力，为进一步学习专业知识、拓宽专业领域、运用新技术打下良好基础。

本实验教程针对通信综合实验系统编写。通信综合实验平台主要用于核心模块的安装、插接和更换。本教程实验基于武汉凌特开拓者 3000 平台，18 个功能子模块，并配置了公共的实验装置接口板，可根据每个实验项目的任务目标自由选择模块配置。实验平台面板可提供 +5 V、+12 V、−12 V 直流电源以及 GND 接地接口，为模块供电。平台可实现教程所列的全部实验项目，也可合理搭配模块进行开发创新实践。

本书内容主要包含三个部分：

第 1 篇：通信实验装置和模块的硬件结构介绍；

第 2 篇：移动通信实验，包含 21 个基础部分和开发创新实验；

第 3 篇：光纤通信实验，包含 23 个基础部分和开发创新实验。

本书由王新蕾任主编，左官芳任副主编，王新蕾负责第 1 篇、第 2 篇的编写，左官芳负责第 3 篇的编写。

本书的出版得到了 2019 年江苏高校一流专业（电子信息工程，No. 289）建设项目、2019 年无锡市信息技术（物联网）扶持资金（第三批）扶持项目即高等院校物联网专业新设奖励项目（通信工程，No. D51）、2020 年无锡信息产业（集成电路）扶持基金（高等学校集成电路专业新设奖励）项目（含电子信息工程、光电信息科学与工程、电子科学与技术专业）的大力支持。在此表示衷心感谢！

由于作者水平有限，书中难免存在不足之处，恳请读者提出宝贵意见！

# 目　录

## 第 3 篇　光纤通信实验

# 第1篇

# 实验前的准备

# 第 1 章

# 基本操作说明及模块介绍

## 1.1 基本操作说明及注意事项

为了更快地了解本实验平台以及确保每次使用时平台处于正常的工作状态,实验前请认真阅读以下内容:

(1)平台的供电状态。检查每个模块的 LED 电源指示灯( +5 V、+12 V、−12 V)是否正常点亮。打开实验箱右侧总电源开关及各模块电源开关,各模块右边的 LED 灯应全亮;轻力按压模块时出现 LED 闪烁,请检查当前的模块是否固定好。若不亮,请将模块关电后拧紧模块四角的螺丝再检查一次,如图 1.1.1 所示。

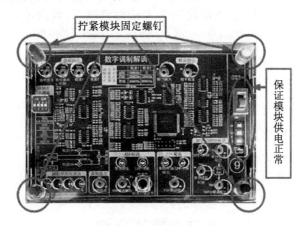

**图 1.1.1 模块供电图**

(2)实验连线。准备工作做完后,需要进行连线操作时,请先将单元模块断电,捏住插头的头部进行插拔,切勿直接拽线。

(3)实验平台的接地。所有模块最右侧有 GND 标识的 ∩ 型柱为测试仪表(如示波器)的接地端。

(4)实验数据中的幅度。本指导书中所有交流信号的幅度指的是示波器中的峰值,直流信号指的是示波器中的最大值。

(5)实验项目的设定方法。主控模块开电后,先显示厂家的 Logo 界面,然后自动进入主菜单界面,如图1.1.2所示。旋转控制旋钮完成实验课程的选定,按压旋钮完成确认,确认后会进入此实验项目界面;再次旋转控制旋钮可选定所需的实验项目,按压旋钮即可完成确认(这两步,实现了对主控模块的信号源默认参数的设定、实验项目的设定、实验模块功能的设定)。

**图1.1.2 主控模块操作界面**

(6)示波器的观测规范。观测实验波形时,有三种操作方法:

① 对于测试勾,可直接用示波器探头夹夹住测试勾并确定夹紧。

② 将示波器探头夹取下来,直接用探头夹接触测试点,观察波形时需要注意固定好示波器探头。

③ 对于台阶插座,可用实验导线连接台阶座与示波器的探勾。

(7)光纤器件操作注意事项:

① 在实验过程中切勿将光纤端面对着人眼,切勿带电进行光纤跳线的连接。

② 光电器件是静电敏感器件,请不要用手触摸。

③ 做完实验后请将法兰盘及光纤用相应的防尘帽罩住。

④ 光纤跳线等器件属易损件,应轻拿轻放,使用时切忌用力过大或弯折。

## 1.2 模块介绍

### 1.2.1 主控 & 信号源模块

#### 1.2.1.1 按键及接口说明

主控 & 信号源按键及接口说明如图1.2.1所示。

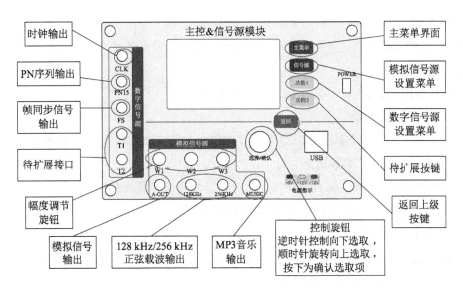

图 1.2.1 主控 & 信号源按键及接口说明

1.2.1.2 功能说明

该模块可以完成 5 种功能的设置,具体设置方法如下:

(1) 模拟信号源功能

模拟信号源菜单由"信号源"按键进入,该菜单下按"选择/确定"键可以依次设置:"输出波形"→"输出频率"→"调节步进"→"音乐输出"→"占空比"(只有在输出方波模式下才出现)。在设置状态下,选择"选择/确定"即可设置参数,如图 1.2.2 所示。

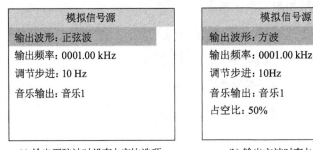

(a) 输出正弦波时没有占空比选项    (b) 输出方波时有占空比选项

图 1.2.2 模拟信号源菜单示意图

① "输出波形"设置

一共有 6 种波形可以选择:

正弦波:输出频率为 10 Hz ~ 2 MHz。

方波:输出频率为 10 Hz ~ 200 kHz。

三角波:输出频率为 10 Hz ~ 200 kHz。

DSBFC(全载波双边带调幅):由正弦波作为载波,音乐信号作为调制信号。输出全载波双边带调幅。

DSBSC(抑制载波双边带调幅):由正弦波作为载波,音乐信号作为调制信号。输出抑制载波双边带调幅。

FM:载波固定为 20 kHz,音乐信号作为调制信号。

② "输出频率"设置

"选择/确定"顺时针旋转可以增大频率,逆时针旋转减小频率。频率增大或减小的步进值根据"调节步进"参数而来。

在"输出波形"DSBFC 和 DSBSC 时,设置的是调幅信号载波的频率。

在"输出波形"FM 时,设置频率对输出信号无影响。

③ "调节步进"设置

"选择/确定"顺时针旋转可以增大步进,逆时针旋转减小步进。步进分为五档:10 Hz、100 Hz、1 kHz、10 kHz、100 kHz。

④ "音乐输出"设置

设置"MUSIC"端口输出信号的类型。有三种信号输出,即"音乐 1""音乐 2""3 K + 1 K 正弦波"。

⑤ "占空比"设置

"选择/确定"顺时针旋转可以增大占空比,逆时针旋转减小占空比。占空比调节范围为 10% ~ 90% ,以 10% 为步进调节。

(2) 数字信号源功能

数字信号源菜单由"功能 1"按键进入,该菜单下按"选择/确定"键可以设置"PN 输出频率"和"FS 输出"。菜单如图 1.2.3 所示。

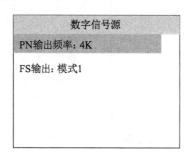

**图 1.2.3　数字信号源菜单**

① "PN 输出频率"设置

设置"CLK"端口的频率及"PN"端口的码速率。频率范围为 1 ~ 2048 kHz。

② "FS 输出"设置

设置"FS"端口输出帧同步信号的模式:

模式 1:帧同步信号保持 8 kHz 的周期不变,帧同步的脉宽为 CLK 的一个时钟周期(要求"PN 输出频率"不小于 16 kHz,主要用于 PCM、ADPCM 编译码帧同步及时分复用实验)。

模式 2：帧同步的周期为 8 个 CLK 时钟周期,帧同步的脉宽为 CLK 的一个时钟周期(主要用于汉明码编译码实验)。

模式 3：帧同步的周期为 15 个 CLK 时钟周期,帧同步的脉宽为 CLK 的一个时钟周期(主要用于 BCH 编译码实验)。

(3) 通信原理实验菜单功能

按"主菜单"按键后的第一个选项"通信原理实验",再确定进入各实验菜单,如图 1.2.4 所示。

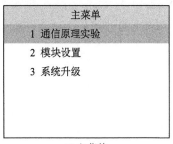

(a) 主菜单　　　　　　　　　(b) 进入通信原理实验菜单

**图 1.2.4　设置为"通信原理实验"**

进入"通信原理实验"菜单后,逆时针旋转光标会向下走,顺时针旋转光标会向上走。按下"选择/确认"时,会设置光标所在实验的功能。有下级菜单的实验会跳转到下级菜单,没有下级菜单的实验会在实验名称前标记"√"符号。

在选中某个实验时,主控模块会向实验所涉及的模块发命令。因此,需要这些模块的电源开启,否则设置会失败。实验具体需要哪些模块,在实验步骤中均有说明,详见具体实验。

(4) 模块设置功能(该功能只在自行设计实验时用到)

按"主菜单"按键后的第二个选项"模块设置",再确定进入模块设置菜单。在"模块设置"菜单中可以对各个模块的参数分别进行设置,如图 1.2.5 所示。

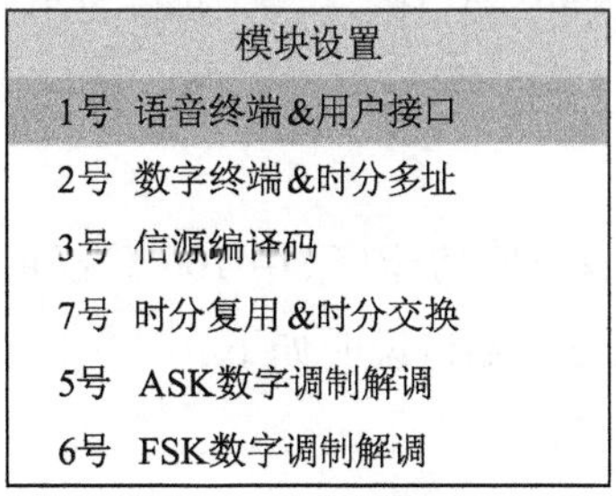

| 模块设置 |
| --- |
| 1号 语音终端&用户接口 |
| 2号 数字终端&时分多址 |
| 3号 信源编译码 |
| 7号 时分复用&时分交换 |
| 5号 ASK数字调制解调 |
| 6号 FSK数字调制解调 |

**图 1.2.5　"模块设置"菜单**

① 1 号 语音终端 & 用户接口

设置该模块两路 PCM 编译码模块的编译码规则是 A 律还是 μ 律。

② 2 号 数字终端 & 时分多址

设置该模块 BSOUT 的时钟频率。

③ 3 号 信源编译码

可设置该模块 FPGA 工作于"PCM 编译码""ADPCM 编译码""LDM 编译码""CVSD 编译码""FIR 滤波器""IIR 滤波器""反 SINC 滤波器"等功能(测试功能是生产中使用的)。模块的端口在不同功能下有不同用途,每一种功能的说明如下:

a. PCM 编译码

FPGA 完成 PCM 编译码功能,同时完成 PCM 编码 A/μ 律或 μ/A 律转换的功能。其子菜单还能够设置 PCM 编译码 A/μ 律及 μ/A 律转换的方式。端口功能如下:

编码时钟:输入编码时钟。

编码帧同步:输入编码帧同步。

编码输入:输入编码的音频信号。

编码输出:输出编码信号。

译码时钟:输入译码时钟。

译码帧同步:输入译码帧同步。

译码输入:输入译码的 PCM 信号。

译码输出:输出译码的音频信号。

A/μ - In:A/μ 律转换输入端口。

μ/A - Out:A/μ 律转换输出端口。

b. ADPCM 编译码

FPGA 完成 ADPCM 编译码功能,端口功能和 PCM 编译码一样。

c. LDM 编译码

FPGA 完成简单增量调制编译码功能,端口除了"编码帧同步"和"译码帧同步"是没用到的(LDM 编译码不需要帧同步),其他端口功能与 PCM 编译码一样。

d. CVSD 编译码

FPGA 完成 CVSD 编译码功能,端口除了"编码帧同步"和"译码帧同步"是没用到的(CVSD 编译码不需要帧同步),其他端口功能与 PCM 编译码一样。

e. FIR 滤波器

FPGA 完成 FIR 数字低通滤波器功能(采用 100 阶汉明窗设计,截止频率为 3 kHz)。该功能主要用于抽样信号的恢复。端口说明如下:

编码输入:FIR 滤波器输入口。

译码输出:FIR 滤波器输出口。

f. IIR 滤波器

FPGA 完成 IIR 数字低通滤波器功能(采用 8 阶椭圆滤波器设计,截止频率为 3 kHz)。该功能主要用于抽样信号的恢复。端口与 FIR 滤波器相同。

g. 反 SINC 滤波器

FPGA 完成反 SINC 数字低通滤波器。该功能主要用于消除抽样的孔径效应。端口与 FIR 滤波器相同。

④ 7 号 时分复用 & 时分交换

功能一是设置时分复用的速率为 256 kbps/2048 kbps；功能二是当复用速率为 2048 kbps 时，调整 DIN4 时隙。

⑤ 8 号 基带编译码

设置该模块 FPGA 工作在"AMI""HDB3""CMI""BPH"的编译码模式。

⑥ 10 号 软件无线电调制

设置该模块的 BPSK 的具体参数。具体参数如下：

a. 是否差分：设置输入信号是否进行差分，即是 BPSK 还是 DBPSK 调制。

b. PSK 调制方式选择：设置 BPSK 调制是否经过成形滤波。

c. 输出波形设置：设置"I - Out"端口输出成形滤波后的波形或调制信号。

d. 匹配滤波器设置：设置成形滤波为升余弦滤波器或根升余弦滤波器。

e. 基带速率选择：设置基带速率为 16 kbps、32 kbps、56 kbps。

⑦ 11 号 软件无线电解调

设置该模块的两个参数，BPSK 解调是否需要逆差分变换和解调速率。

(5) 系统升级

此选项用于模块内部程序升级时使用。

1.2.1.3　注意事项

(1) 实验开始时要将所需模块固定在实验箱上，并确定接触良好，否则菜单无法设置成功。

(2) 信号源设置中，模拟信号源输出步进可调节，便于不同频率变化调节。

## 1.2.2　1A 号 语音终端 & 用户接口模块

1.2.2.1　模块框图

1A 号模块如图 1.2.6 所示。

1.2.2.2　模块简介

语音信号的编译码过程在实际生活中具有广泛的应用。

1.2.2.3　模块功能介绍

(1) 乙方一路电话、乙方二路电话

包括电话的用户接口以及 PCM 编译码功能。该模块既可输出、输入模拟的语音信号，又可输入、输出 PCM 编码的数字语音信号。

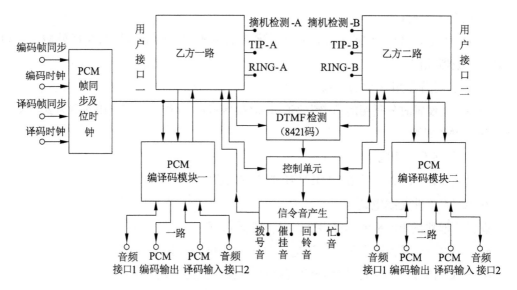

**图 1.2.6　1A 号模块框图**

（2）DTMF 检测

可以检测电话拨号的号码,然后在 LED 上显示出来。

（3）信令音产生

产生拨号音、催挂音、回铃音、忙音等信号传递给电话,指示电话当前状态。

（4）控制单元

电话 DTMF 检测以及话音和信令音之间的切换,均由控制单元来控制。

（5）电话模式和听筒模式

当 1A 号模块被设置为电话模式时,该模块用户接口单元的电话机需要通过拨号的方式才能通信。电话模式是 1A 号模块开电后的默认模式。

当 1A 号模块被设置为听筒模式时,则电话机摘机后无须拨号,便可以直接作为话筒和听筒。其中,音频接口 2（TH6）为乙方一路的听筒输入口,音频接口 1（TH5）为乙方一路的话筒输出口;音频接口 2（TH2）为乙方二路的听筒输入口,音频接口 1（TH1）为乙方二路的话筒输出口。听筒模式主要用于部分实验中临时配置;当模块重新关电、开电后,听筒模式会自动还原成初始默认的电话模式。

1.2.2.4　端口说明

1A 号模块端口说明见表 1.2.1。

**表 1.2.1　端口说明**

| 端口名称 | 端口功能 |
| --- | --- |
| 乙方一路,乙方二路 | 用户接口 |
| 摘机检测 – A/B | 用户摘机信号测试点 |
| TIP – A/B | 用户正极线测试点 |

续表

| 端口名称 | 端口功能 |
|---|---|
| RING – A/B | 用户负极线测试点 |
| 拨号音 | 信令音拨号音测试点 |
| 催挂音 | 信令音催挂音测试点 |
| 回铃音 | 信令音回铃音测试点 |
| 忙音 | 信令音忙音测试点 |
| 编码帧同步 | PCM 编码帧同步信号输入 |
| 编码时钟 | PCM 编码时钟脉冲输入 |
| 译码帧同步 | PCM 译码帧同步信号输入 |
| 译码时钟 | PCM 译码时钟脉冲输入 |
| 音频接口 1 | 用户语言信号输入/输出 |
| 音频接口 2 | 用户语言信号输入/输出 |
| PCM 编码输出 | PCM 编码信号输出 |
| PCM 译码输入 | PCM 译码信号输入 |

## 1.2.3　2号 数字终端 & 时分多址模块

### 1.2.3.1　模块框图

2 号模块如图 1.2.7 所示。

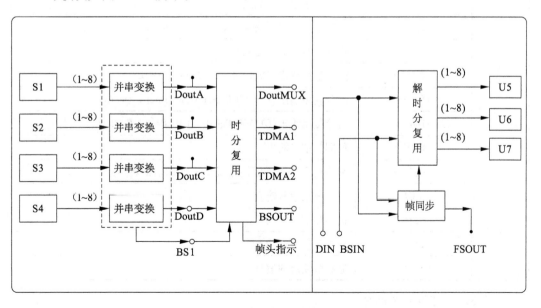

**图 1.2.7　2 号模块框图**

1.2.3.2　模块简介

时分复用(TDMA)适用于数字信号的传输。由于信道的位传输率超过每一路信号的数据传输率,因此可将信道按时间分成若干片段轮换地给多个信号使用。每一时间片由复用的一个信号单独占用。在规定的时间内,多个数字信号都可按要求传输到达,从而也实现了一条物理信道上传输多个数字信号。

1.2.3.3　模块功能说明

(1) 时分复用

通过拨码开关设置4组数字信号源(S1、S2、S3、S4)的数据,任选一组设置为帧同步码"01110010",其他三组设置为易于观察的数据。四组数据分别经过并、串变换后进入CPLD完成时分复用。

(2) 解时分复用

将时分复用后的信号输入解时分复用模块,同时加载一个帧同步信号就得到解复用的信号,通过3组LED行阵显示除帧同步码的数字信号。

1.2.3.4　端口说明

2号模块端口说明见表1.2.2。

表1.2.2　端口说明

| 模块 | 端口名称 | 端口功能 |
|---|---|---|
| 时分复用 | S1 ~ S4 | 数字信号拨码输入 |
| | U1 ~ U4 | 显示对应的数字输入信号 |
| | DoutA ~ DoutC | 对应数字信号观测点 |
| | DoutD | 对应数字信号观测点/8位数字信号输出 |
| | BS1 | 位同步时钟信号输入 |
| | DoutMUX | 时分复用输出(DoutA、DoutB、DoutC、DoutD) |
| | TDMA1 | 时分复用输出(01110010、00110011、DoutA、DoutB) |
| | TDMA2 | 时分复用输出(01110010、01010101、DoutC、DoutD) |
| | BSOUT | 位同步信号输出 |
| | 帧头指示 | 帧头指示信号(仅用于信道编码时的辅助观测) |
| 解复用 | DIN | 时分复用信号输入 |
| | BSIN | 位同步信号输入 |
| | FSOUT | 帧同步信号观测点 |
| | U5 ~ U7 | 显示解复用的信号 |

1.2.3.5　可调参数说明

拨码开关S1 ~ S4:每一组都有8位开关,1号开关对应数字信号的最高位。拨码开关上拨表示数字信号"1",下拨表示数字信号"0"。

### 1.2.4　3 号 信源编译码模块

#### 1.2.4.1　模块框图

3 号模块如图 1.2.8 所示。

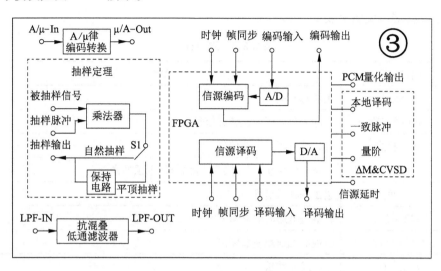

**图 1.2.8　3 号模块框图**

#### 1.2.4.2　模块简介

在信源→信源编码→信道编码→信道传输（调制/解调）→信道译码→信源译码→信宿的整个信号传播链路中,本模块功能属于信源编码与信源译码（A/D 与 D/A）环节,通过 ALTERA 公司的 FPGA（EP4CE6）完成包括抽样定理、抗混叠低通滤波、A/μ 律转换、PCM 编译码、ΔM&CVSD 编译码的功能与应用。帮助实验者学习并理解信源编译码的概念和具体过程,并可用于二次开发。

#### 1.2.4.3　模块功能说明

（1）抽样定理

被抽样信号与抽样脉冲相乘所得的信号可以选择是否经过保持电路,以输出自然抽样或平顶抽样。

（2）低通混叠滤波

该滤波器为 3.4 kHz 的 8 阶巴特沃斯低通滤波器,可用于抽样信号的恢复及信源编码的前置抗混滤波。

（3）A/μ 律转换

针对不同应用需求,本模块提供 A 律与 μ 律的转换。

（4）PCM 编译码

编码输入信号默认采用本模块的抽样输出信号,亦可以二次开发采用外部信号,同时提供时钟脉冲与帧同步信号,即可实现译码端的信号输出。

（5）Δm&CVSD 编译码

增量调制编译码功能提供本地译码、一致脉冲以及量阶调整的信号并引出观测,方便实验者了解和掌握增量调制的具体过程。

### 1.2.4.4 端口说明

3 号模块端口说明见表 1.2.3。

表 1.2.3 端口说明

| 端口名称 | 说明 |
| --- | --- |
| S3 | 模块总开关 |
| 被抽样信号 | 可输入信号源的正弦波信号 |
| 抽样脉冲 | 输入信号源的方波信号 |
| S1 | 保持电路切换开关,实现自然抽样/平顶抽样 |
| 抽样输出 | 输出抽样后信号 |
| LPF – IN | 抗混叠低通滤波器输入 |
| LPF – OUT | 抗混叠低通滤波器输出 |
| A/μ – In | A 律或 μ 律输入 |
| μ/A – Out | μ 律或 A 律输出 |
| 时钟(编码) | 待编码信号的时钟输入 |
| 帧同步(编码) | 待编码信号的帧同步信号输入 |
| 编码输入 | 待编码信号输入 |
| 编码输出 | 已编码信号输出 |
| 时钟(译码) | 待译码信号的时钟输入 |
| 帧同步(译码) | 待译码信号的帧同步信号输入 |
| 译码输入 | 待译码信号输入 |
| 译码输出 | 已译码信号输出 |
| PCM 量化输出 | PCM 编码输出之后,G.711 协议变换之前的信号输出 |
| 本地译码 | ΔM&CVSD 编码当中的本地译码器输出 |
| 一致脉冲 | CVSD 编码当中量阶调整时的一致脉冲输出 |
| 量阶 | ΔM&CVSD 编码当中量阶调整时的量阶输出 |
| 信源延时 | ΔM&CVSD 编码之前的信源延时输出,供辅助观测 |

### 1.2.4.5 可调参数说明

S1 开关:可切换自然抽样/平顶抽样。

### 1.2.5　4 号 信道编码及交织模块

#### 1.2.5.1　模块框图

4 号模块如图 1.2.9 所示。

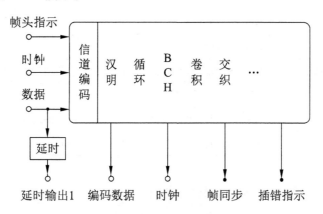

**图 1.2.9　4 号模块框图**

#### 1.2.5.2　模块简介

数字信号在传输中往往由于各种原因,使得在传送的数据流中产生误码,从而使接收端产生图像跳跃、不连续、出现马赛克等现象。所以通过信道编码这一环节,对数码流进行相应的处理,使系统具有一定的纠错能力和抗干扰能力,可极大地避免码流传送中误码的发生,这就使得信道编译码过程显得尤为重要。

#### 1.2.5.3　模块功能说明

（1）汉明码

汉明码利用了奇偶校验位的概念,通过在数据位后面增加一些比特,不仅可以验证数据是否有效,还能在数据出错的情况下指明错误位置。

（2）循环码

具有某种循环特性的线性分组码。每位代码无固定权值,任何相邻的两个码组中,仅有一位代码不同。

（3）BCH 码

BCH 码解决了生成多项式与纠错能力的关系问题,可以在给定纠错能力要求的条件下寻找到码的生成多项式。

（4）卷积码

卷积码是一种非分组码,通常适用于前向纠错。

（5）交织码

交织编码的目的是把一个较长的突发差错离散成随机差错,改善移动通信的传输特性。

#### 1.2.5.4　端口说明

4 号模块的端口说明见表 1.2.4。不同的编码方式由主控进行设置。

表 1.2.4　端口说明

| 模块 | 端口名称 | 端口说明 |
|---|---|---|
| 编码输入 | 时钟 | 编码时钟输入 |
| | 数据 | 数据输入 |
| 编码输出 | 编码数据 | 编码数据输出 |
| | 时钟 | 编码时钟输出 |
| 辅助观测 | 帧头指示 | 帧头指示信号观测点(其上跳沿指示了分组的起始位置) |
| | 延时输出 1 | 延时输出信号观测点 |
| | 帧同步 | 帧同步信号观测点(其上跳沿指示了一组编码输出数据的起始位置) |
| | 插错指示 | 插错指示观测点(指示插入错码的位置) |

## 1.2.6　5号 信道译码及解交织模块

### 1.2.6.1　模块框图

5 号模块如图 1.2.10 所示。

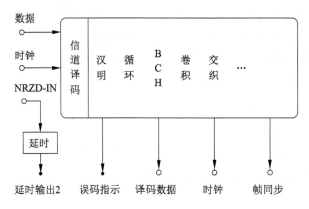

图 1.2.10　5 号信道译码模块框图

### 1.2.6.2　端口说明

5 号模块端口说明见表 1.2.5。不同的译码方式由主控进行设置。

表 1.2.5　端口说明

| 模块 | 端口名称 | 端口说明 |
|---|---|---|
| 译码输入 | 时钟 | 译码时钟输入 |
| | 数据 | 数据输入 |
| 译码输出 | 译码数据 | 译码数据输出 |
| | 时钟 | 译码时钟输出 |
| | 帧同步 | 帧同步信号输出 |

续表

| 模块 | 端口名称 | 端口说明 |
|------|---------|---------|
| 辅助观测 | NRZD – IN | 延时输入 |
| | 延时输出 2 | 延时输出信号观测点 |
| | 误码指示 | 误码指示观测点 |

### 1.2.7　7号 时分复用 & 时分交换模块

#### 1.2.7.1　模块框图

7 号模如图 1.2.11 所示。

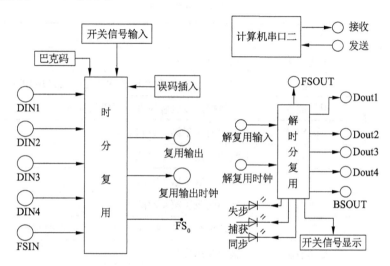

**图 1.2.11　7 号模块框图**

#### 1.2.7.2　模块简介

复用是通信系统中较为重要的一环节,其目的是实现多路信号在同一信道上传输以达到减少对资源的占用。它应用于信道编码与基带传输编码中间,将一物理信道分为一个个的物理碎片,周期性地利用某一时隙,最后将其组合起来,形成完整的信号。时分交换是在时分复用中的一个过程,而时分复用与时分交换模块也可应用于程控交换通信系统。

#### 1.2.7.3　模块功能说明

（1）时分复用

当复用输出的为模式 256 K 时,只用来观测 3 路帧同步(即时隙 0、1、2,这三路信号就是对应的巴克码、DIN1 和 DIN2 的接收数据),开关信号在第 3 时隙。由于 256 K 模式复用只能提供 4 个时隙。因此,DIN3 和 DIN4 在 256 K 复用模式下是无效的。

当模式为 2048 K 时(速率为 2 M 的 E1 传输),巴克码、DIN1、DIN2、DIN3、DIN4 分别在 0 ~ 4 时隙。开关信号默认在第 5 时隙时,其所在时隙可以由主控模块进行设置。

（2）解时分复用

解时分复用与时分复用是相对应的一部分,用于基带传输编译码与先到译码模块之间。把配置在分立周期间间隔上的时分复用信号解开,在解复用输入与解复用时钟输入处接入信号,最后由 Dout1 ~ Dout4 整理输出,与复用时的输入 DIN1 ~ DIN4 始终相互对应。

（3）计算机串口二

与计算机连接的一接口为 RS232 串口。当电平为 1 时,将输入 ±15 V 的电压转换为 TTL 电平;当电平为 0 时,将 −15 V 的电压转换为 0 V。

1.2.7.4　端口说明

7 号模块端口说明见表1.2.6。

表 1.2.6　端口说明

| 模块 | 端口名称 | 端口说明 |
|---|---|---|
| 时分复用 | 开关信号输入 | 输入电平信号 |
| | 巴克码 | 内部自己给的,复用时放在 0 时隙(01110010) |
| | 误码插入 | 在做帧同步实验时进行误码的插入 |
| | DIN1 | 复用时放于第 1 时隙 |
| | DIN2 | 复用时放于第 2 时隙 |
| | DIN3 | 复用时放于第 3 时隙 |
| | DIN4 | 复用时放于第 4 时隙 |
| | FSIN | 固定信号源,FS 端口;与 PCM 编码数据对齐 |
| | 复用输出 | 输出复用后信号 |
| | 复用输出时钟 | 输出复用后时钟信号 |
| | $FS_0$ | 第 0 时隙帧同步信号 |
| 解时分复用 | 解复用输入 | 输入复用信号 |
| | 解复用时钟 | 输入复用时钟信号 |
| | FSOUT | 为解复用模块提取帧同步,主要用于 PCM 译码 |
| | Dout1 | 解复用时调整输出第 1 时隙 |
| | Dout2 | 解复用时调整输出第 2 时隙 |
| | Dout3 | 解复用时调整输出第 3 时隙 |
| | Dout4 | 解复用时调整输出第 4 时隙 |
| | BSOUT | 为解复用模块提取位同步 |
| | 开关信号显示 | 将开关信号显示于光条上 |
| 计算机串口二 | 接收 | 电压接入 |
| | 发送 | 电压输出 |

### 1.2.7.5 可调参数说明

（1）开关信号输入：由一组八键二电平的拨码开关构成，相应电平的选择即为相应模式。

（2）开关信号显示：由一组八个发光二极管构成，其中灯亮为高电平1，灯灭为低电平0。

（3）误码插入：在做帧同步实验时进行误码的插入，有两种插入方式，一是"短按"，即插入单次误码；二是"长按"，即插入多次误码。

## 1.2.8 8号 基带传输编译码模块

### 1.2.8.1 模块框图

8号模块如图1.2.12所示。

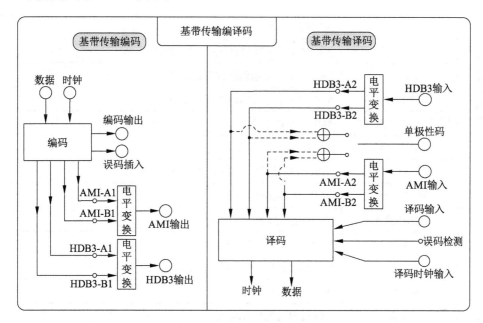

**图1.2.12 8号模块框图**

### 1.2.8.2 模块简介

基带传输，一种不搬移基带信号频谱的传输方式，在线路中直接传送数字信号的电脉冲。未对载波调制的待传信号称为基带信号，它所占的频带称为基带。基带的高限频率与低限频率之比通常远大于1。基带传输一般用于工业生产中，模式为：服务器—终端服务器—电话线—基带—终端。在ISO中属于物理层设备。这是一种最简单的传输方式，近距离通信的局域网都采用基带传输。

### 1.2.8.3 模块功能说明

（1）基带传输编码

完成AMI、HDB3、CMI、BPH等基带传输码型的编码工作。其中，由于AMI和HDB3

是 3 极性码,FPGA 在完成 AMI 及 HDB3 编码后,需要进行电平变换。另外,还有误码插入功能,是为了验证基带传输编码是否具有误码告警的能力。

（2）基带传输译码

完成 AMI、HDB3、CMI、BPH 等基带码型的译码工作。其中,由于 AMI 及 HDB3 是 3 极性码,在 FPGA 译码前需要加入电平反变换功能。

1.2.8.4　端口说明

8 号端口说明见表 1.2.7。

表 1.2.7　端口说明

| 模块 | 端口名称 | 端口说明 |
|---|---|---|
| 基带传输编码 | 数据 | 数据信号输入 |
| | 时钟 | 时钟信号输入 |
| | 编码输出 | 编码信号输出 |
| | 误码插入 | 误码数据插入观测点,指示编码端错误 |
| | AMI – A1 | AMI – A1 信号编码后波形观测点 |
| | AMI – B1 | AMI – B1 信号编码后波形观测点 |
| | AMI 输出 | AMI 信号编码后输出 |
| | HDB3 – A1 | HDB3 – A1 信号编码后波形观测点 |
| | HDB3 – B1 | HDB3 – B1 信号编码后波形观测点 |
| | HDB3 输出 | HDB3 信号编码后输出 |
| 基带传输译码 | HDB3 输入 | HDB3 编码后的信号输入 |
| | HDB3 – A2 | HDB3 – A2 电平变换后波形观测点 |
| | HDB3 – B2 | HDB3 – B2 电平变换后波形观测点 |
| | 单极性码 | 单极性码输出 |
| | AMI 输入 | AMI 编码后的信号输入 |
| | AMI – A2 | AMI – A2 电平变换后波形观测点 |
| | AMI – B2 | AMI – B2 电平变换后波形观测点 |
| | 译码输入 | 译码信号输入 |
| | 译码时钟输入 | 译码时钟信号输入 |
| | 误码检测 | 检测插入的误码 |
| | 时钟 | 译码后时钟信号输出 |
| | 数据 | 译码后数据信号输出 |

### 1.2.9　9 号 数字调制解调模块

#### 1.2.9.1　模块框图

9 号模块如图 1.2.13 所示。

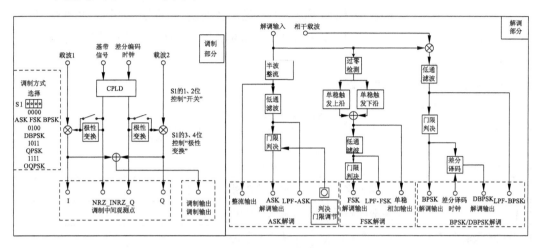

**图 1.2.13　9 号模块框图**

#### 1.2.9.2　模块简介

在信源→信源编码→信道编码→信道传输（调制/解调）→信道译码→信源译码→信宿的整个信号传播链路中，本模块功能属于数字调制解调环节，通过 CPLD 完成 ASK、FSK、BPSK/DBPSK 的调制解调实验。帮助实验者学习并理解数字调制解调的概念和具体过程，并可分别单独用于二次开发。

#### 1.2.9.3　模块功能说明

（1）调制方式说明

本模块可以支持 ASK/FSK/BPSK/DBPSK/QPSK/OQPSK。其中调制方式与载波频率的对应如表 1.2.8 所示。

**表 1.2.8　调制方式与载波频率对应表**

| 调制方式 | 载波 1/kHz | 载波 2/kHz |
| --- | --- | --- |
| ASK | 128 | 无 |
| FSK | 256 | 128 |
| 其他 | 256 | 256 |

（2）调制部分

所有调制方式的待调制的基带信号、时钟以及载波统一在此部分对应端口输入、输出。

（3）调制中间观测点部分

此部分可观测到调制过程产生的 NRZ_I、NRZ_Q 以及 I、Q 信号。

（4）解调部分

所有待解调信号以及相干载波统一在此部分对应端口输入，并且：

① ASK 解调输出部分，观测点包括整流输出和低通滤波输出，以及门限调节。

② FSK 解调输出部分，观测点包括单稳相加输出和低通滤波输出。

③ BPSK/DBPSK 解调输出部分，观测点有低通滤波输出，并且输出 BPSK 解调信号（可观测）后还可以继续通过差分译码（需差分译码时钟输入）得到 DBPSK 相干解调输出。

1.2.9.4　端口说明

9 号模块端口说明见表 1.2.9。

表 1.2.9　端口说明

| 端口名称 | | 说明 |
|---|---|---|
| 总开关 | S2 | 模块总开关 |
| 调制输入输出部分 | 基带信号 | 输入待调制的信号源 |
| | 差分编码时钟 | 输入差分编码时钟 |
| | 载波 1 | 输入 1 号载波 |
| | 载波 2 | 输入 2 号载波 |
| | 调制输出 | 调制信号输出端口 |
| 调制中间观测点 | NRZ_I | 调制过程 NRZ_I 分量输出 |
| | NRZ_Q | 调制过程 NRZ_Q 分量输出 |
| | I | NRZ_I 与载波 1 相乘所得 I 信号观测点 |
| | Q | NRZ_Q 与载波 2 相乘所得 Q 信号观测点 |
| 解调输入部分 | 解调输入 | 输入调制信号 |
| | 相干载波 | 输入相干载波信号 |
| ASK 解调 | 整流输出 | 半波整流后的输出观测点 |
| | LPF－ASK | 低通滤波后的输出观测点 |
| | ASK 解调输出 | ASK 解调输出端口 |
| | 判决门限调节 | 调节门限判决的门限值 |
| FSK 解调 | 单稳相加输出 | 单稳触发上下沿相加所得输出 |
| | LPF－FSK | 低通滤波后的输出观测点 |
| | FSK 解调输出 | FSK 解调输出端口 |
| BPSK/DBPSK 解调 | LPF－BPSK | 低通滤波后的输出观测点 |
| | BPSK 解调输出 | BPSK 解调输出端口 |
| | 差分译码时钟 | 输入差分译码时钟信号 |
| | DBPSK 解调输出 | DBPSK 解调输出端口 |

1.2.9.5　可调参数说明

（1）S1：通过 S1 拨码开关选择 0000ASK/FSK/BPSK、0100DBPSK、1011QPSK、1111OQPSK。

（2）W1：通过 W1 调节门限判决的门限值。

## 1.2.10　10 号 软件无线电调制模块

### 1.2.10.1　模块框图

10 号模块如图 1.2.14 所示。

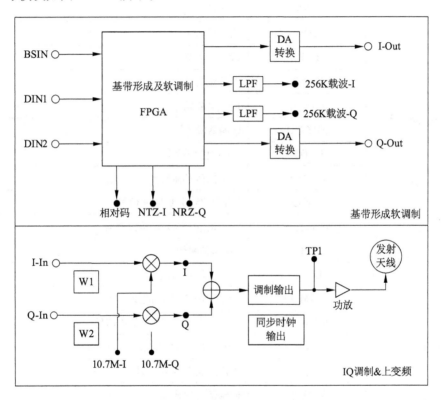

**图 1.2.14　10 号模块框图**

### 1.2.10.2　模块简介

软件无线电是一个以现代通信理论为基础,以数字信号处理为核心,以微电子技术为支撑的新的无线通信体系结构。它包含了一些新的理论和技术,如多速率信号处理理论、数字变频技术等。10 号模块为调制部分(11 号模块为解调部分)。

### 1.2.10.3　模块功能说明

（1）基带形成软调制

① 当数字调制需要较低频率载波时,可以将调整的整个过程全部在 FPGA 中完成,由 DA 输出的即是调制信号。

② 当数字调制的频率较高时,可以将速率要求较低的基带成形部分放在 FPGA 中完

成,将频谱搬移的工作放在 IQ 变频模块上。

（2）IQ 调制 & 上变频

在较高速率调制时,将基带信号的频谱搬移到载波上。

1.2.10.4　端口说明

10 号模块端口说明见表 1.2.10。

表 1.2.10　端口说明

| 模块 | 端口名称 | 端口说明 |
| --- | --- | --- |
| 基带形成软调制 | BSIN | 输入信号时钟 |
| | DIN1 | 输入信号 1 |
| | DIN2 | 输入信号 2 |
| | 相对码 | 差分编码输出 |
| | NRZ - I | I 路 NRZ 码 |
| | NRZ - Q | Q 路 NRZ 码 |
| | I - Out | I 模拟信号输出 |
| | Q - Out | Q 模拟信号输出 |
| | 256K 载波 - I | 0 相位 256 kHz 载波信号 |
| | 256K 载波 - Q | $\pi/2$ 相位 256 kHz 载波信号 |
| IQ 调制 & 上变频 | I - In | I 模拟信号输入 |
| | Q - In | Q 模拟信号输入 |
| | 10.7M - I | 0 相位 10.7 MHz 载波信号 |
| | 10.7M - Q | $\pi/2$ 相位 10.7 MHz 载波信号 |
| | I | I 路上变频信号观测 |
| | Q | Q 路上变频信号观测 |
| | 调制输出 | 调制信号输出点 |
| | TP1 | 调制信号观测点 |
| | 发射天线 | 调制信号无线发射天线接口 |

## 1.2.11　11 号 软件无线电解调模块

### 1.2.11.1　模块框图

11 号模块如图 1.2.15 所示。

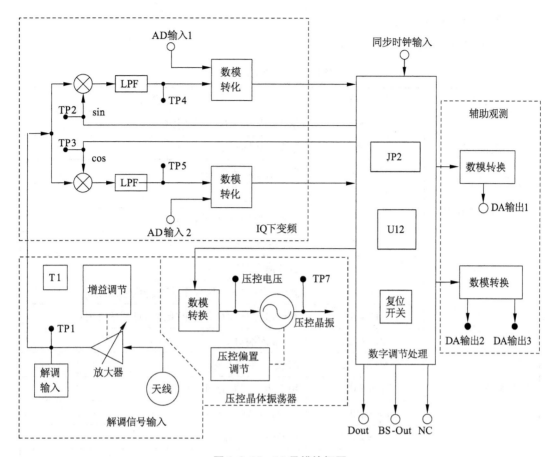

**图1.2.15 11号模块框图**

1.2.11.2 模块功能说明

（1）解调信号输入

如果从天线接收信号进行解调，则需要经过小信号放大部分；如果直接通过同轴电缆输入，则不需要小信号放大。

（2）压控晶体振荡器

由 FPGA 产生压控电压控制 21.4 MHz 的压控晶体振荡器产生时钟。压控晶体振荡器的中心频率由"压控偏置调节旋钮"进行调节。

（3）IQ 下变频

当载波频率较高时，AD 无法直接对调制信号进行采样。因此，需要用 IQ 下变频将调制信号的频率降下来，然后再进行采样。

当载波频率较低时，可以直接将调制信号通过"AD 输入 1"或"AD 输入 2"进行 AD 转换。所有的解调工作均在 FPGA 中完成。

（4）软件解调

将解调后的模拟信号转换为数字信号，再通过软件转换为模拟信号输出。

### 1.2.11.3 端口说明

11 号模块端口说明见表 1.2.11。

表 1.2.11 端口说明

| 模块 | 端口名称 | 端口说明 |
|---|---|---|
| 解调信号输入 | 接收天线 | 解调信号无线接收天线接口 |
| | 解调输入 | 解调信号同轴电缆输入口 |
| | TP - 1 | 解调信号输入观测点 |
| 压控晶体振荡器 | 压控电压 | 压控电压检测 |
| | TP - 7 | 压控晶振输出时钟观测点 |
| 数字解调 | TP - 2 | SIN 信号观测 |
| | TP - 3 | COS 信号观测 |
| | TP - 4 | 解调信号与 SIN 信号相乘过低通的观测点 |
| | TP - 5 | 解调信号与 COS 信号相乘过低通的观测点 |
| | AD 输入 1 | AD 输入端口 1 |
| | AD 输入 2 | AD 输入端口 2 |
| | 同步时钟输入 | 用于相干解调的同步时钟输入 |
| | DA 输出 1 | 中间信号观测点 |
| | DA 输出 2 | 中间信号观测点 |
| | DA 输出 3 | 中间信号观测点 |
| | Dout | 解调输出 |
| | BS - Out | 解调位时钟输出 |
| | NC | 待扩展端口 |

### 1.2.11.4 可调参数说明

(1) W1:压控偏置调节。

(2) W2:天线接收部分小信号放大增益调节。

(3) S3:复位开关。

## 1.2.12 12 号 AMBE 语音压缩模块

### 1.2.12.1 模块框图

12 号模块如图 1.2.16 所示。

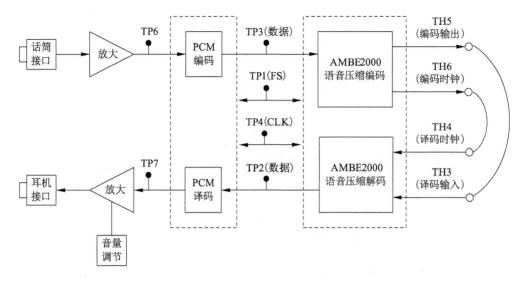

**图 1.2.16　12 模块框图**

### 1.2.12.2　模块简介

AMBE2000 是一种高性能、低功耗的单片实时语音压缩解压芯片,可通过控制字改变压缩数据率,并具有前向纠错、语音激活检测和 DTMF 信号检测功能,运用广泛。

### 1.2.12.3　模块功能说明

从图 1.2.16 中可以看到,AMBE 语音压缩模块中,话筒接口的音频信号经过放大电路处理,然后进行 PCM 编码,再经过 AMBE2000 语音压缩后,由 TH5 输出编码信号和 TH6 输出同步时钟。编码信号和编码时钟分别送入译码单元的数据和时钟输入端口,经过 AMBE2000 语音解压缩处理,再进行 PCM 译码,还原输出原始信号,由耳机接口输出。

### 1.2.12.4　端口说明

12 模块端口说明见表 1.2.12。

**表 1.2.12　端口说明**

| 端口名称 | 端口说明 |
| --- | --- |
| 话筒接口 MIC1 | 话筒插座 |
| TP6 | 话筒音信号输出测试点 |
| TP1(FS) | 编译码帧信号测试点 |
| TP4(CLK) | 编译码时钟信号测试点 |
| TP3(数据) | PCM 编码输出测试点 |
| EPR\STRB\DATA | AMBE 编译码中间过程测试点 |
| TH6(编码时钟) | AMBE 编码同步时钟输出 |
| TH5(编码输出) | AMBE 编码数据输出 |

续表

| 端口名称 | 端口说明 |
|---|---|
| TH4(译码时钟) | AMBE 译码同步时钟输入 |
| TH3(译码输出) | AMBE 译码数据输入 |
| TP2(数据) | AMBE 译码输出测试点 |
| TP7 | 译码还原的音频信号输出测试点 |
| 耳机接口 PHONE1 | 耳机插座 |

#### 1.2.12.5　可调参数说明

(1) 电位器 W1 音量调节旋钮:可以调节音量输出大小。

(2) 复位键 S1:复位,启动功能键。

### 1.2.13　13 号 载波同步及位同步模块

#### 1.2.13.1　模块框图

13 号模块如图 1.2.17 所示。

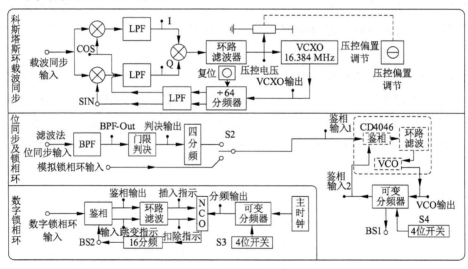

**图 1.2.17　13 号模块框图**

#### 1.2.13.2　模块简介

同步是通信系统中一个重要的实际问题。当采用同步解调或相干检测时,接收端需要提供一个与发射端调制载波同频同相的相干载波,这就需要载波同步。在最佳接收机结构中,需要对积分器或匹配滤波器的输出进行抽样判决。接收端必须产生一个用作抽样判决的定时脉冲序列,它和接收码元的终止时刻应对齐。这就需要位同步。

#### 1.2.13.3　模块功能说明

(1) 科斯塔斯环载波同步

在科斯塔斯环载波同步模块中,压控振荡器输出信号供给一路相乘器,压控振荡器输出经90°移相后的信号则供给另一路。两者相乘以后可以消除调制信号的影响,经环路滤波器得到仅与压控振荡器输出和理想载波之间相位差有关的控制电压,从而准确地对压控振荡器进行调整,恢复出原始的载波信号。

（2）位同步及锁相环

滤波法位同步提取。信号经一个窄带滤波器,滤出同步信号分量,通过门限判决和四分频后提取位同步信号。

锁相法位同步提取。在接收端利用锁相环电路比较接收码元和本地产生的位同步信号的相位,并调整位同步信号的相位,最终获得准确的位同步信号。

（3）数字锁相环

压控振荡器的频率变化时,会引起相位的变化,在鉴相器中与参考相位比较,输出一个与相位误差信号成比例的误差电压,再经过低通滤波器,取出其中缓慢变动数值,将压控振荡器的输出频率拉回到稳定的值上来,从而实现相位稳定。

1.2.13.4　端口说明

13 号模块端口说明见表 1.2.13。

表 1.2.13　端口说明

| 模块 | 端口名称 | 端口说明 |
|---|---|---|
| 科斯塔斯环载波同步 | 载波同步输入 | 载波同步信号输入 |
| | COS | 余弦信号观测点 |
| | SIN | 正弦信号输入 |
| | I | 信号和 π/2 相载波相乘滤波后的波形观测点 |
| | Q | 信号和 0 相载波相乘滤波后的波形观测点 |
| | 压控电压 | 误差电压观测点 |
| | VCXO | 压控晶振输出 |
| | 复位 | 分频器重定开关 |
| | 压控偏置调节 | 压控偏置电压调节 |
| 位同步及锁相环 | 滤波法位同步输入 | 滤波法位同步基带信号输入 |
| | 模拟锁相环输入 | 模拟锁相环信号输入 |
| | S2 | 位同步方法选择开关 |
| | 鉴相输入 1 | 接收位同步信号观测点 |
| | 鉴相输入 2 | 本地位元元同步信号观测点 |
| | VCO 输出 | 压控振荡器输出信号观测点 |
| | BS1 | 合成频率信号输出 |
| | 分频设置 | 设置分频频率 |

| 模块 | 端口名称 | 端口说明 |
|---|---|---|
| 数字锁相环 | 数字锁相环输入 | 数字锁相环信号输入 |
| | BS2 | 分频信号输出 |
| | 鉴相输出 | 输出鉴相信号观测点 |
| | 输入跳变指示 | 信号跳变观测点 |
| | 插入指示 | 插入信号观测点 |
| | 扣除指示 | 扣除信号观测点 |
| | 分频输出 | 时钟分频信号观测点 |
| | 分频设置 | 设置分频频率 |

### 1.2.13.5 可调参数说明

（1）S2：向上拨动，选择滤波法位同步电路；向下拨动，选择锁相环频率合成电路。

（2）压控偏置调节：调节压控偏置电压。

（3）S3 分频设置：设置分频频率，"0000"输出 4096 kHz 频率，"0011"输出 512 kHz 频率，"0100"输出 256 kHz 频率，"0111"输出 32 kHz 频率。

## 1.2.14 14 号 CDMA 发送模块

### 1.2.14.1 模块框图

14 号模块如图 1.2.18 所示。

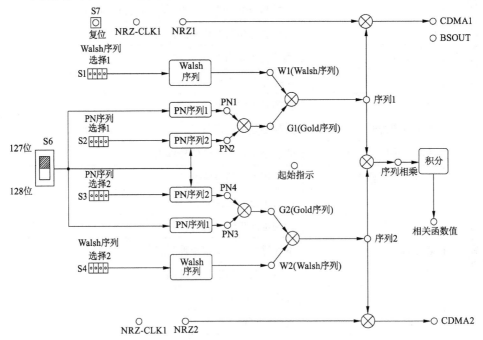

**图 1.2.18 14 号模块框图**

1.2.14.2　模块简介

CDMA 码分多址技术的原理是基于扩频调制技术,即将需传送的具有一定信号带宽的数据,用一个带宽远大于该信号带宽的高速伪随机码进行调制,使原数据信号的带宽被扩展,再经载波调制并发送出去。接收端使用完全相同的伪随机码,与接收的带宽信号作相关处理,把宽带信号转换成原信息数据的窄带信号,即解扩,以实现信息通信。本模块即模拟了 CDMA 的发送功能,输入信号最大支持 16 kbps,输出为 512 kbps,并帮助实验者熟悉并掌握各伪随机码之间的自相关和互相关特性。

1.2.14.3　模块功能说明

(1) PN 序列 &Walsh 序列的产生

由 ATLERA 的 FPGA 产生固定的 PN 序列和可调的 Walsh 序列。其中 PN 序列有 127 位和 128 位可选。Walsh 序列长度为 16 位。

(2) 不同 PN 序列 &Walsh 序列的选取

通过设置不同的初始状态,可以得到不同偏移位置的 PN 序列。通过拨码开关更改 Walsh 序列。

(3) Gold 序列的产生

由两路 PN 序列模 2 相加可得 Gold 序列并观测。

(4) Walsh 序列与 Gold 序列的合成

可得到最终的复合扩频调制序列并观测。

(5) 扩频调制输出

通过产生最终复合扩频调制序列对输入 NRZ 信号进行扩频调制,输出最终 CDMA 信号。

(6) 相关函数的观测

两路不同的最终复合扩频调制序列进行相乘并积分,可得到两者相关函数值供实验观测。

1.2.14.4　端口说明

14 号模块端口说明见表 1.2.14。

表 1.2.14　端口说明

| 名称 | 说明 |
|------|------|
| PN 序列长度设置 | 127 位/128 位切换开关 |
| S2、S3 | 更改 PN 序列 1 偏移量 |
| S1、S4 | 更改不同 Walsh 序列 |
| 复位 | 设置完 PN 序列偏移后一定要此复位开关 |
| PN1、PN3 | FPGA 产生的固定 PN 序列观测点 |
| PN2、PN4 | 通过 S2、S3 改变偏移后的 PN 序列观测点 |
| 起始指示 | 用来指示 PN 序列的起始位置观测点 |

| 名称 | 说明 |
|------|------|
| G1、G2 | 通过 PN 序列模 2 相加所得的 Gold 序列观测点 |
| W1、W2 | Walsh 序列观测点 |
| 序列 1、序列 2 | Walsh 序列与 Gold 序列合成的复合扩频序列观测点 |
| NRZ1、NRZ2 | 待扩频的非归零码信号输入点 |
| NRZ - CLK1、NRZ - CLK2 | 待扩频的非归零码信号时钟输入点 |
| CDMA1、CDMA2 | 扩频调制后的 CDMA 信号输出点 |
| BSOUT | 扩频调制后的 CDMA1 信号的位同步时钟信号输出点 |
| 序列相乘 | 序列 1 与序列 2 相乘后的信号观测点 |
| 相关函数值 | 序列 1 与序列 2 相乘后经过积分得到的相关性函数观测点 |
| S5 | 模块总开关 |

### 1.2.14.5　可调参数说明

（1）PN 序列长度设置：通过在连续 6 个 0 后增加一个 0 可得到 128 位 PN 序列，以方便与 16 位的 Walsh 码合成。

（2）S2、S3：通过 4 位二进制拨码开关可调节 PN 序列 1 的初始偏移位置得到不同的 PN 序列 2，继而得到不同的 Gold 序列（G1 和 G2）。

（3）S1、S4：通过 4 位二进制拨码开关可改变不同的 Walsh 码输出。

## 1.2.15　15 号 CDMA 接收模块

### 1.2.15.1　模块框图

15 号模块如图 1.2.19 所示。

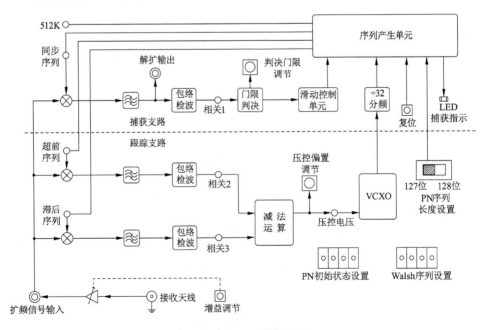

**图 1.2.19　15 号模块框图**

### 1.2.15.2　模块简介

CDMA 接收模块用于扩频通信系统的接收端。处于接收部分的最前端,其解扩的信号会送到解调模块进行解调。

CDMA 接收模块主要是解决两个问题。第一是序列的同步问题。由于扩频序列的自相关性,当序列在非同步情况下是无法获取有用信息的。第二是时钟同步问题。由于接收端产生解扩序列的时钟与发送端是非同步的,因此当序列同步时,如果时钟不同步,序列就会逐渐产生偏差,最终失步。只有序列和时钟都达到同步,才能完成解扩。

### 1.2.15.3　模块功能说明

(1)捕获支路

用来捕获扩频序列,达到序列同步的状态。

(2)跟踪支路

用来进行时钟同步。

(3)序列产生单元

产生解扩序列,序列产生可受滑动控制单元控制,是序列的相位滑动。

(4)滑动控制单元

产生序列的滑动控制脉冲信号。该脉冲信号由前面的门限判决信号控制,当门限判决输出为高时,说明序列已经捕获,滑动控制单元停止产生滑动控制脉冲信号;当门限判决输出为低时,说明序列未捕获,滑动控制单元产生滑动控制脉冲信号。

### 1.2.15.4　端口说明

15 号模块端口说明见表 1.2.15。

表 1.2.15　端口说明

| 模块 | 端口名称 | 端口说明 |
|---|---|---|
| 捕获支路 | 同步序列 | 输出解扩序列 |
| | 解扩输出 | 输出解扩信号,是 BSPK 的数字调制信号 |
| | 相关1 | 同步序列与扩频信号相关计算输出 |
| | 512K | 解扩序列的时钟信号 |
| 跟踪支路 | 接收天线 | 解扩天线接收端口 |
| | 扩频信号输入 | 解扩同轴电缆输入端口 |
| | 超前序列 | 与同步序列相比相位超前 1/2 码元 |
| | 滞后序列 | 与同步序列相比相位滞后 1/2 码元 |
| | 相关2 | 超前序列与扩频信号相关计算输出 |
| | 相关3 | 滞后序列与扩频信号相关计算输出 |
| | 压控电压 | 控制压控晶振频率变化的信号 |

### 1.2.15.5 可调参数说明

（1）增益调节：调节天线接收小信号放大的增益。

（2）判决门限调节：调节相关峰的判决门限（由于接收信号幅度不同，相关峰的幅值也有所不同）。

（3）压控偏置调节：调节压控晶振的中心频率。

（4）PN 序列长度设置：设置 PN 序列长度为 127 或 128 位。

（5）PN 初始状态设置：设置 PN 序列初始状态。

## 1.2.16　17 号 信道模拟模块

### 1.2.16.1　模块框图

17 号模块如图 1.2.20 所示。

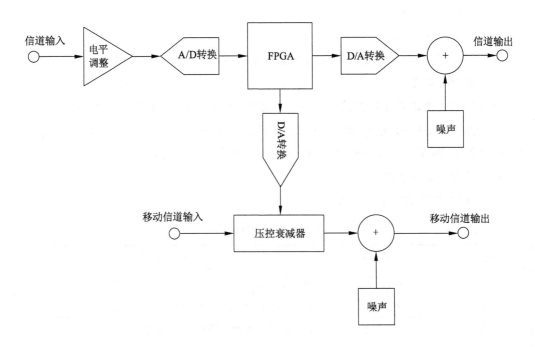

**图 1.2.20　17 号模块框图**

### 1.2.16.2　模块简介

信道模拟是估计系统性能的一种具体方法。模块主要模拟实际传输中可能产生的噪声因素，如低通或带通模拟信道、白噪声信道、快衰落信道和慢衰落信道。通过观测眼图的张开和闭合和传输数据的码元，观测处码间干扰和噪声的影响。

### 1.2.16.3　模块功能说明

（1）低通信道模拟

系统提供多种低通信道模拟功能，可通过主控模块设置为 6 kHz 低通信道、5.5 kHz 低通信道、5 kHz 低通信道、4.5 kHz 低通信道、成形滤波 +6 kHz 低通信道、成形滤波 +5.5 kHz

低通信道、成形滤波 + 5 kHz 低通信道和成形滤波 + 4.5 kHz 低通信道。如图 1.2.21 所示,实验中观察 PN 序列经低通传输的眼图效果,可以手动调节低通信道中白噪声幅度大小。

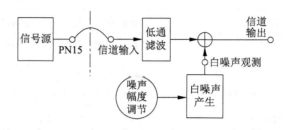

**图 1.2.21 未加升余弦滤波的低通信道模拟原理框图**

（2）带通信道模拟

系统提供有多种带通信道模拟功能,可通过主控模块设置为 250 ~ 262 kHz 带通信道、251 ~ 261 kHz 带通信道、251.5 ~ 260.5 kHz 带通信道、252 ~ 260 kHz 带通信道。如图 1.2.22 所示,实验中观察以载频为 256 kHz 调制信号经过带通信道的传输效果,可以手动调节带通信道中白噪声幅度大小。

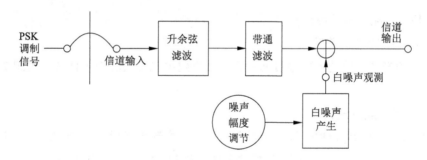

**图 1.2.22 加升余弦滤波的带通信道模拟原理框图**

（3）白噪声信道模拟

将 10.7 MHz 的调制信号作为输入信号,经白噪声信道进行传输。

（4）快衰落信道模拟

将 10.7 MHz 的调制信号作为输入信号,经快衰落信道进行传输。

（5）慢衰落信道模拟

将 10.7 MHz 的调制信号作为输入信号,经慢衰落信道进行传输。

1.2.16.4 端口说明

17 号模块端口说明见表 1.2.16。

表 1.2.16　端口说明

| 模块 | 端口名称 | 端口说明 |
|---|---|---|
| 低通或带通信道 | 信道输入 TH1 | 低通或带通信道的输入端口 |
| | 信道输出 TH2 | 低通或带通信道的输出端口 |
| | 白噪声观测 TP4 | 低通和带通信道中白噪声测试点 |
| | 噪声幅度调节 W1 | 低通和带通信道中白噪声的幅度调节旋钮 |
| 移动信道 | 移动信道输入 P1、TP2 | 移动信道的信号输入接口 |
| | 移动信道输出 P2、TP1 | 移动信道的信号输出接口 |
| | 辅助观测点 TP3 | 快衰落或慢衰落变化的辅助观测点 |
| | TH3、TH4、TH5、TH6、TH7、TH8 | 其他预留端口,可用于二次开发扩展 |

#### 1.2.16.5　可调参数说明

电位器 W1 噪声幅度调节旋钮:可以调节低通或噪声信道中白噪声的幅度。

### 1.2.17　23 号 光功率计和误码仪模块

#### 1.2.17.1　光功率计的使用

(1) 光功率计组成说明

本系统的光功率计功能可通过两种方式来搭建组成。实验中可任选一种组成方式来测试光功率。

① 第一种搭建方式:

如图 1.2.23 所示,光功率计由主控模块和 23 号模块组成。其中,光信号输入的 23 号模块的光纤输入 D7 端口,由 23 号模块上的光探测器完成光 – 电转换处理,再进行信号处理和功率值换算,最后经主控 & 信号源模块的液晶屏显示功率值。

**注意:**在选择这种搭建方式构成光功率计功能时,23 号模块的输入选择开关 S3 应拨至"内部"。

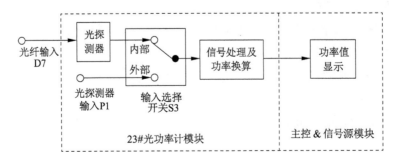

图 1.2.23　光功率计的第一种搭建方式

② 第二种搭建方式:

如图 1.2.24 所示,光功率计由主控 & 信号源模块、23 号模块和 25 号模块组成。其中,光信号输入 25 号模块的光收接口,由 25 号模块的光接收机单元完成光 – 电转换处理。25 号模块的光探测器输出(P4)信号送至 23 号模块的光探测器输入(P1)端,再由 23 号模块完成功率值换算,最后经主控 & 信号源模块的液晶屏显示功率值。

**注意**:在选择这种搭建方式构成光功率计功能时,25 号模块的功能选择开关 S1 应拨至"光功率计",23 号模块的输入选择开关 S3 应拨至"外部"。用同轴电缆线连接 25 号模块的光探测器输出端和 23 号模块的光探测器输入端。

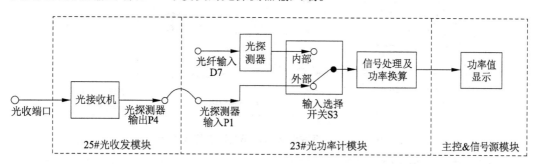

**图 1.2.24　光功率计的第二种搭建方式**

(2)光功率计使用说明

① 按光功率计组成说明选取一种搭建方式,组成光功率计。将光信号通过光纤跳线引入光功率计的输入端口。

② 开启系统电源,通过调节主控 & 信号源模块"选择/确认"多功能旋钮,选择进入"光功率计"功能界面。

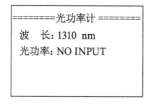

**图 1.2.25　光功率计界面**

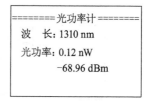

**图 1.2.26　光功率测量显示**

③ 调节主控模块的"选择/确认"旋钮,使光标在"波长"栏;再调节"选择/确认"旋钮,进行光信号波长的选择切换,可选波长类型有 1310 nm 和 1550 nm。电源开启初始时,所测光源波长默认为 1310 nm。

④ 设置完成后,即可读出光功率值。

*1.2.17.2　误码测试仪的使用*

(1)误码仪组成说明

本系统的误码仪功能由主控 & 信号源模块和 23 号模块组成。如图 1.2.27 所示,误码仪主要包括发送部分和接收部分。其中,发送部分主要有信号序列发生器、时钟发射器、误码插入、中央控制器以及接口和显示电路等;接收部分主要是以一个与发送部分序列完全相同且同步的码型作为标准,与接收的信号进行比较并进行误码检测计数,最后通过终端显示出误码个数和误码率。

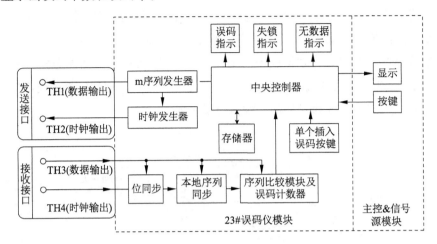

**图 1.2.27　系统自带的误码测试仪组成框图**

（2）误码仪使用说明

① 连接误码仪和待测系统。按照连接框图 1.2.28 所示,将误码仪的"数据输出"连至被测系统的输入端,被测系统输出端连接至误码仪的"数据输入",同时将误码仪的"时钟输出"连至"时钟输入"。

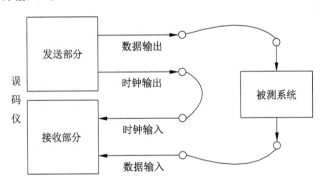

**图 1.2.28　误码仪测试自环连接框图**

② 开启系统电源,通过调节主控 & 信号源模块"选择/确认"多功能旋钮,选择并进入"误码仪"功能,如图 1.2.29 所示。

本系统自带的误码仪具有设置发送信号速率、设置信号码型、计时显示、误码计数、误码率测试,以及单个插入误码和测试状态指示等功能。

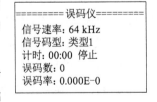

**图 1.2.29　误码仪设置界面**

a.　设置信号速率:调节主控模块的"选择/确认"旋钮,使光标在"信号速率"栏;再调节"选择/确认"旋钮进行信号速率的选择切换,可选速率有 64 kHz、128 kHz、256 kHz、2 MHz。

b.　设置信号码型:调节主控模块的"选择/确认"旋钮,使光标在"信号码型"栏;再单击"选择/确认"旋钮进行信号码型的选择切换,可选码型有类型 1、类型 2、类型 3、类型 4。

　　c. 启动误码检测功能:调节主控模块的"选择/确认"旋钮,使光标在"计时"栏;再单击"选择/确认"旋钮,可启动或停止误码检测。启动误码计数后,不能更改码速和码型。

　　d. 单个插入误码:启动误码检测功能后,通过单击 23 号模块的按键 S1,可以单个插入误码。

　　(3) 状态指示以及数据显示说明

　　当误码仪的失锁指示灯点亮时,表示发送和接收部分未同步,此时应检查时钟信号是否正常;当误码仪的无数据指示灯点亮时,表示接收部分未接收到数据,此时应检查数据传输是否正常;当误码仪的误码指示灯点亮时,表示此时系统中出现误码或者手动插入了误码。

### 1.2.18　25 号　光收发模块(1310 nm / 1550 nm)

#### 1.2.18.1　模块框图

1310 nm/1550 nm 光收发模块由光发射机与光接收机组成,其框图分别如图 1.2.30 和图 1.2.31 所示。

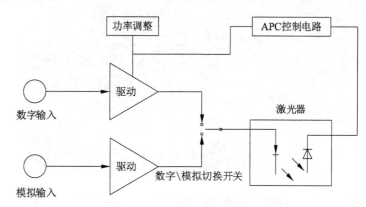

图 1.2.30　光发射机框图

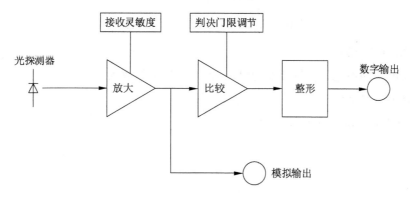

图 1.2.31　光接收机框图

### 1.2.18.2 模块简介

光发射机通过直接调制使得输出光功率随着输入模拟信号或数字信号的变化而变化,进而实现光电转换。光接收机把光纤送来的光信号变换为电信号,经过均衡放大、箝位、电位调整、整形后,送出相应的模拟或数字信号。该模块还可以对光发射机和接收机的参数进行测量。

### 1.2.18.3 模块功能说明

（1）光发射机模块

25 号模块如图 1.2.32 所示,通过不同的输入端口将送入的模拟信号或数字信号转换成光信号。

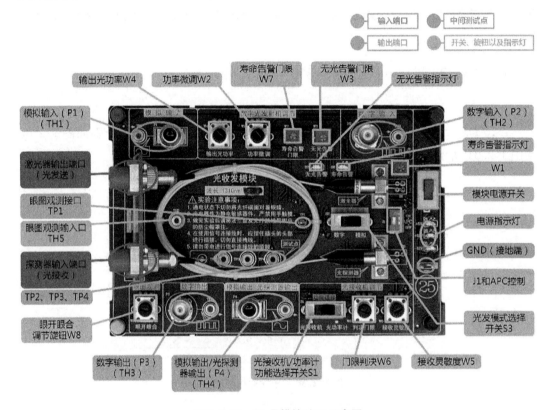

**图 1.2.32 25 号模块端口示意图**

（2）光接收机模块

通过光电检测器把光信号转换为电信号,以实现电的放大。

### 1.2.18.4 端口说明

25 号模块端口说明见表 1.2.17。

表 1.2.17　端口说明

| 端口名称 | 端口功能 |
|---|---|
| 数字输入 | 数字信号输入 |
| 模拟输入 | 模拟信号输入 |
| 光发端口 | 光信号发送 |
| 光收端口 | 光信号接收 |
| 数字输出 | 数字信号输出 |
| 模拟输出/光探测器输出 | 模拟信号输出 |

1.2.18.5　可调参数说明

（1）选择开关 S3：将开关 S3 拨至"模拟"或"数字"可选择光调制传输的方式。

（2）拨码开关 J1：开关 J1 拨为"10"，即无 APC 控制状态；开关 J1 拨为"11"，即有 APC 控制状态；拨码开关 J1 拨至"ON"，即连接激光器。

（3）功能选择开关 S1：拨至"光功率计"即选择光功率计测量功能，拨至"光接收机"即选择光信号接收功能。

（4）电位器 W1：调节光电探测器的灵敏度。

（5）电位器 W4 和 W2：调节数字光调制的输出功率大小，顺时针旋转为光功率增大。

（6）电位器 W3：无光告警电路门限电压大小的调节旋钮。

（7）W5：接收灵敏度旋钮。

（8）W6：判决门限旋钮。

（9）W7：寿命告警电路门限电压大小的调节旋钮。

（10）W8：眼开、眼合旋钮。

# 第2篇

## 移动通信实验

# 第 2 章

# 现代数字调制技术

## 实验 2.1 DBPSK 调制及解调

**【实验目的】**

了解 DBPSK 调制解调的原理及特性。

**【实验器材】**

（1）主控 & 信号源模块、10 号模块、11 号模块      各一块
（2）双踪示波器      一台
（3）连接线      若干

**【实验原理】**

（1）DBPSK 实验原理框图（见图 2.1.1）

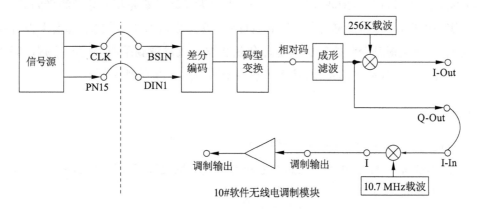

**图 2.1.1 DBPSK 调制框图**

（2）DBPSK 调制实验框图说明

DBPSK 调制过程主要由 10 号模块完成，基带信号经过差分处理、码型变换（将单极

性码变成双极性码)和成型滤波之后与载波相乘得到调制信号。调制实验框图中描述了两路 DBPSK 调制,其中一路是相对码与 256 kHz 载波相乘后,得到的载频为 256 kHz 的调制信号,从 I – Out 端口输出;另一路是相对码从 Q – Out 端口输出后,再与 10.7 MHz 载波相乘,得到载频为 10.7 MHz 的调制信号从调制输出端口输出。对于 DBPSK 解调部分,这里我们采用非相干解调法处理第一路载频为 256 kHz 的 DBPSK 调制信号,采用相干解调法处理第二路载波为 10.7 MHz 的 DBPSK 调制信号做实验。

(3) DBPSK 相干解调框图(见图 2.1.2)

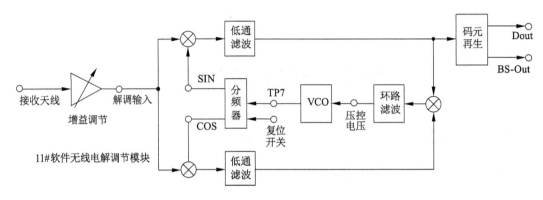

**图 2.1.2 DBPSK 相干解调框图**

(4) DBPSK 相干解调实验框图说明

DBPSK 相干解调实验中,载频为 10.7 MHz 的调制信号从解调输入端引入,与同频同相的 10.7 MHz 正交载波相乘,再经过低通滤波器,最后由码元再生电路判决输出原始的基带信号。其中,相干载波是由科斯塔斯环同步提取得到,本地 VCO 为 21.4 MHz。

(5) 根升余弦滤波和升余弦滤波

实际系统中升余弦滚降滤波用于消除码间串扰。一般实际采用的方式是发送端进行成形滤波和接收端进行匹配滤波处理共同实现,这两个环节都是根升余弦滚降滤波。

本实验中选择"根升余弦滤波"菜单项目后,10 号模块和 11 号模块都实现根升余弦滤波功能,经两次根升余弦处理后即是升余弦滤波。通过观测眼图来定性了解码间串扰的大小和升余弦滚降滤波的特性,从而了解奈奎斯特第一准则理论。

【实验步骤】

(1) 任务一 DBPSK 调制(10 号模块)

**概述:** 本项目是观测 DBPSK 调制信号的时域或频域波形,了解调制信号产生机理。

① 模块关电,按表 2.1.1 所示连线。

**表 2.1.1　实验连线表**

| 源端口 | 目的端口 | 连线说明 |
|---|---|---|
| 信号源:PN | 模块 10:TH3(DIN1) | 信号输入 |
| 信号源:CLK | 模块 10:TH1(BSIN) | 时钟输入 |
| 模块 10:TH9(Q – Out) | 模块 10:TH6(I – In) | 成形信号加载频 |

② 模块开电,设置主控菜单,选择"主菜单"→"移动通信"→"DBPSK 调制及解调"→"相干解调"→"根升余弦滤波及解调"。

③ 此时系统初始状态:PN 序列输出频率 16 kHz,载频 10.7 MHz。

**提示**:观测 PN 码时,以 CLK 对比观测,可让学生了解 1 比特码元的宽度。初始的 PN 序列随机码和同步时钟 CLK 信号波形可参考图 2.1.3。

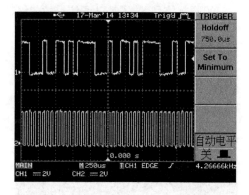

**图 2.1.3　16K 的 PN 序列和同步时钟 CLK**

④ 实验操作及波形观测。

此时如实验框图所示,10 号模块 TH7(I – Out)为载频 256 kHz 的 DBPSK 调制信号,10 号模块 P1(调制输出)为载频 10.7M 的 DBPSK 调制信号。用示波器分别观测不同载频的调制信号波形。

**说明**:调制信号波形参考数据如图 2.1.4～图 2.1.6 所示,实测结果可能比图中的结果更理想。

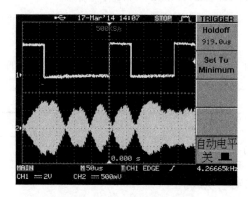

**图 2.1.4　10 号模块的 TH3(DIN1)和 TH7(I – Out)波形图**

此时 TH7 是载频 256 kHz 的调制信号,建议用相对码输出对比观测 TH7(I - Out)。

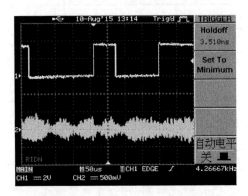

图 2.1.5    10 号模块的 TH3(DIN1)和 P1(调制输出)波形图

此时 P1 是载频 10.7 MHz 的调制信号,请了解已调信号的包络特征(是否为恒包络调制)。

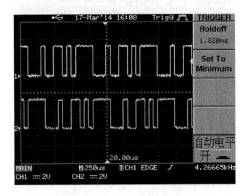

图 2.1.6    相对码波形图

此时 1 通道为 PN 序列,2 通道为相对码 TP10。

注:图 2.1.6 中 2 通道的相对码是系统刚好以初始电平为 0 作为参考得到的波形;系统内部进行相对码处理时,是随机取 0 或取 1 作为初始参考电平的,跟初始输入码元有关;实验中若出现以电平为 1 作为参考得到的相对码波形,属于正常现象。

(2)任务二    载频为 10.7 MHz 的 DBPSK 相干解调

**概述:**本项目是对比观测 DBPSK 解调信号和原始基带信号的波形,了解 DBPSK 相干解调的实现方法。

① 模块关电,保持任务一中的连线不变,继续按表格 2.1.2 所示连线。

表 2.1.2    实验连线表

| 源端口 | 目的端口 | 连线说明 |
| --- | --- | --- |
| 模块 10:P1(调制输出) | 模块 11:P1(解调输入) | 已调信号送入解调端 |

注:此处使用的是同轴电缆线。

② 模块开电,设置主控菜单,选择"主菜单"→"移动通信"→"DBPSK 调制及解调"→

"相干解调"→"根升余弦滤波及解调"。

③ 此时系统初始状态:PN 序列输出频率 16 kHz,载频 10.7 MHz。

④ 实验操作及波形观测。

a. 示波器探头 CH1 接 10 号模块的 10.7 MHz 载波信号输出端 TP5(10.7M – I),CH2 接 11 号模块的载波,同步提取输出端 TP2(SIN)。适当调节 11 号模块压控偏置电位器 W1 来改变载波相位,对比观测原始载波和解调端的载波同步关系。

**注意并思考:**若载波未同步时,解调载波应与原始调制载波相对滑动且同频同相;若同步,则不会相对滑动。思考一下,为什么在调节 W1 的过程中有时会出现解调载波与原始载波不相对滑动,但是相位正好相反?(提示:相干解调的相位模糊问题)

b. 再将示波器探头 CH1 接 10 号模块 TH3(DIN1),CH2 接 11 号模块 TH4(Dout),对比观测解调端载波同步时和解调载波未同步时,原始基带信号和解调输出信号的波形情况。

c. 示波器探头 CH1 接 10 号模块 TH1(BSIN),CH2 接 11 号模块 TH5(BS – Out),对比观测原始时钟信号和解调恢复时钟信号的波形。参考输出如图 2.1.7 所示。

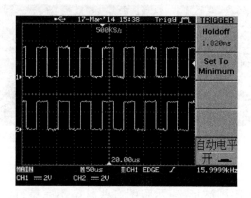

**图 2.1.7  10 号模块的 TH1(BSIN)和 11 号模块的 TH5(BS – Out)**

此时周期调大一点,可以看到输出时钟的抖动。

(3)任务三  根升余弦滤波和升余弦滤波

**概述:**本项目是对比观测基带信号经根升余弦滤波处理和升余弦滤波处理后的眼图,从而了解根升余弦滤波和升余弦滤波的特点及关系。

① 模块关电,按表格 2.1.3 所示重新连线。

**表 2.1.3  实验连线表**

| 源端口 | 目的端口 | 连线说明 |
| --- | --- | --- |
| 信号源:PN | 模块 10:TH3(DIN1) | 信号送入根升余弦滤波 |
| 信号源:CLK | 模块 10:TH1(BSIN) | 时钟输入 |
| 模块 10:TH9(Q – Out) | 模块 11:TH2(AD 输入) | 根升余弦成形信号再进行根升余弦处理 |

② 模块开电,设置主控菜单,选择"主菜单"→"移动通信"→"DBPSK 调制及解调"→

"相干解调"→"根升余弦滤波"。

③ 此时系统初始状态:PN 序列输出频率是 16 kHz,模块 10 的 Q – Out 为基带信号经根升余弦滤波处理后的波形,模块 11 的 TH8(DA 输出 1)为再次经过根升余弦滤波处理后的波形(即基带信号经过升余弦滤波后的波形)。

④ 实验操作及波形观测。

a. 以时钟 CLK 为触发,用示波器探头 CH1 接信号源 CLK,探头 CH2 接 10 号模块的 TH9(Q – Out),观测基带信号经根升余弦滤波后的眼图。

为观测到较理想眼图的示波器,设置技巧参考如下:

·假设原始输入的测试信号为 16K 码率的 PN15,示波器对比观测输入的 CLK 和 10 号模块的 TH9(Q – Out);

·如果之前为了稳定的观测 PN 码设置了释抑时间,请在触发菜单关闭释抑;

·在 DISPLAY 上开启余辉功能,时间建议设置为 5 s,或者无限。

此时示波器上应能显示比较清晰的眼图信号,如图 2.1.8a 所示。

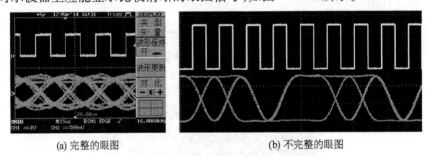

(a) 完整的眼图          (b) 不完整的眼图

**图 2.1.8  根升余弦滤波后的眼图**

若出现图 2.1.8b 的眼图波形,表示眼图有些状态不完整,请将 PN15 改为 PN127,即可观测到完整的眼图。

b. 以时钟 CLK 为触发,用示波器探头 CH1 接信号源 CLK,探头 CH2 接 11 号模块的 TH8(DA 输出 1),观测基带信号经升余弦滤波后的眼图,参考波形如图 2.1.9 所示。

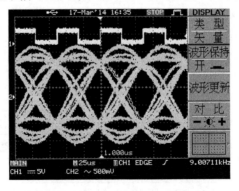

**图 2.1.9  升余弦滤波后的眼图**

c. 从眼图状态中观测最佳抽样点,比较两种滤波的特性和关系。

　　**说明:**升余弦滚降信号用来消除码间串扰,实际采用的方式是由发送端的基带成行滤波器和接收端的匹配滤波器两个环节公共实现。数字通信中,实际发射出的信号是各个离散样值序列通过成形滤波器后的成形脉冲序列。匹配滤波器是为了在抽样时刻信噪比最大。当发端成形滤波器用根升余弦滤波器,接收端同样用根升余弦滤波器匹配滤波时,既能够使得抽样时刻信噪比最高(即完成匹配滤波器的作用),又能够在一定的带限平坦信道中不引入码间干扰(满足 Nyquist 无码间干扰准则)。

　　(4) 任务四　升余弦滤波及解调

　　有兴趣的同学可以在主控模块菜单中选择"DBPSK 调制及解调"→"相干解调"→"升余弦滤波及解调",并参考任务一和任务二的内容,观测升余弦滤波及解调的相关波形。

## 【实验报告】

　　(1) 分析实验电路的工作原理,简述其工作过程。

　　(2) 观测并分析实验现象。

# 实验 2.2　QPSK 调制及解调

## 【实验目的】

了解 QPSK 调制解调的原理及特性。

## 【实验器材】

(1) 主控 & 信号源模块、10 号模块、11 号模块　　　　　　　　　　　　各一块

(2) 双踪示波器　　　　　　　　　　　　　　　　　　　　　　　　　　一台

(3) 连接线　　　　　　　　　　　　　　　　　　　　　　　　　　　　若干

## 【实验原理】

(1) 实验原理框图(见图 2.2.1 和图 2.2.2)

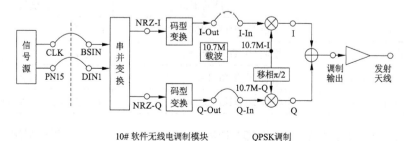

**图 2.2.1　QPSK 调制框图**

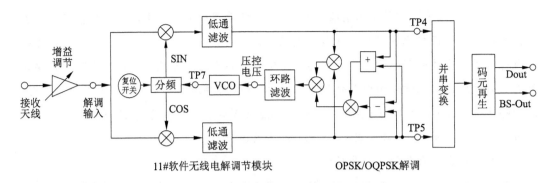

**图 2.2.2　QPSK/OQPSK 解调框图**

（2）实验框图说明

QPSK 调制实验框图中,基带信号经过串并变换处理,输出 NRZ – I 和 NRZ – Q 两路信号;然后分别经过码型变换(将单极性码变成双极性码)处理,形成 I – Out 和 Q – Out 输出;再分别与 10.7 MHz 正交载波相乘后叠加;最后输出 QPSK 调制信号。QPSK 调制可以看作是两路 BPSK 信号的叠加。两路 BPSK 的基带信号分别是原基带信号的奇数位和偶数位,两路 BPSK 信号的载波频率相同,相位相差 90°。OQPSK 与 QPSK 相比,是两路 BPSK 调制基带信号的相位上的区别,QPSK 两路基带信号是完全对齐的,OQPSK 两路基带信号相差半个时钟周期。

QPSK 解调实验框图中,接收信号分别与正交载波相乘,再经过低通滤波处理,然后将两路信号进行并串变换和码元判决恢复出原始的基带信号。其中,解调所用载波是由科斯塔斯环同步电路提取并处理的相干载波。

## 【实验步骤】

（1）任务一　QPSK 调制

**概述:**本项目是观测 QPSK 调制信号的时域或频域波形,了解调制信号产生机理及成形波形的星座图。

① 模块关电,按表 2.2.1 所示连线。

**表 2.2.1　实验连线表**

| 源端口 | 目的端口 | 连线说明 |
| --- | --- | --- |
| 信号源:PN | 模块 10:TH3(DIN1) | 信号输入 |
| 信号源:CLK | 模块 10:TH1(BSIN) | 时钟输入 |
| 模块 10:TH7(I – Out) | 模块 10:TH6(I – In) | I 路成形信号加载频 |
| 模块 10:TH9(Q – Out) | 模块 10:TH8(Q – In) | Q 路成形信号加载频 |

② 模块开电,设置主控菜单,选择"主菜单"→"移动通信"→"QPSK 调制及解调"→"QPSK 星座图观测及"硬调制""。

③ 此时系统初始状态:PN 序列输出频率 16 kHz,载频 10.7 MHz。

④ 实验操作及波形观测。

a. 示波器探头 CH1 接 10 号模块 TP8(NRZ - I),CH2 接 10 号模块 TP9(NRZ - Q),观测基带信号经过串并变换后输出的两路波形。

b. 示波器探头 CH1 接 10 号模块 TP8(NRZ - I),CH2 接 10 号模块 TH7(I - Out),用直流耦合对比观测 I 路信号成形前后的波形。

c. 示波器探头 CH1 接 10 号模块 TP9(NRZ  Q),CH2 接 10 号模块 TII9(Q - Out),用直流耦合对比观测 Q 路信号成形前后的波形。

d. 示波器探头 CH1 接 10 号模块 TH7(I - Out),CH2 接 10 号模块 TH9(Q - Out),调节示波器为 XY 模式,观察 QPSK 星座图,参考波形如图 2.2.3 所示。

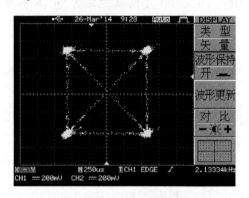

**图 2.2.3　QPSK 星座图**

图 2.2.3 中,1 通道为 TH7(I - Out),2 通道为 TH9(Q - Out),调节示波器为 X - Y 挡。

**说明:**为观测到星座图上的相位轨迹,示波器需要打开余辉显示功能(根据显示结果,自由设定显示时间为 2 s、5 s 或者无限)。当星座图形为矩形时,说明(I - Out)和(Q - Out)两路信号的幅度不一致。当星座图形不在示波器正中间时,可以微调示波器两个通道的上下位移量。

e. 示波器探头 CH1 接 10 号模块 TH7(I - Out),CH2 接 10 号模块 TP3(I),对比观测 I 路成形波形的载波调制前后的波形。

f. 示波器探头 CH1 接 10 号模块 TH9(Q - Out),CH2 接 10 号模块 TP4(Q),对比观测 Q 路成形波形的载波调制前后的波形。

g. 示波器探头 CH1 接 10 模块的 TP1,观测 I 路和 Q 路加载频后的叠加信号,即 QPSK 调制信号,结果可参考图 2.2.4。

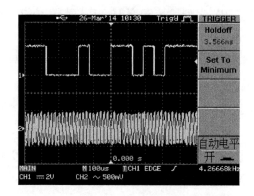

**图 2.2.4　I 路和 Q 路 QPSK 调制信号波形图**

图 2.2.4 中,1 通道为输入信号 PN 序列,2 通道为 QPSK 调制输出 TP1。

注:适当调节电位器 W1 和 W2 使 IQ 两路载频幅度相同且最大不失真。

(2) 任务二　QPSK 相干解调

**概述:**本项目是对比观测 QPSK 解调信号和原始基带信号的波形,了解 QPSK 相干解调的实现方法。

① 模块关电,保持上述任务一中的连线不变,继续按表 2.2.2 所示连线。

**表 2.2.2　实验连线表**

| 源端口 | 目的端口 | 连线说明 |
| --- | --- | --- |
| 模块 10:P1(调制输出) | 模块 11:P1(解调输入) | 已调信号送入解调端 |

② 模块开电,设置主控菜单,选择"主菜单"→"移动通信"→"QPSK 调制及解调"→"QPSK 星座图观测及'硬调制'"。

③ 此时系统初始状态:PN 序列输出频率 16 kHz,载频 10.7 MHz。

④ 实验操作及波形观测。

a. 示波器探头 CH1 接 10 号模块 TH3(DIN1),CH2 接 11 号模块 TH4(Dout),适当调节 11 号模块压控偏置电位器 W1 来改变载波相位,对比观测原始基带信号和解调输出信号的波形。

b. 示波器探头 CH1 接 10 号模块 TH1(BSIN),CH2 接 11 号模块 TH5(BS - Out),对比观测原始时钟信号和解调恢复时钟信号的波形,并观察时钟抖动现象。

c. 示波器探头 CH1 接 10 号模块 TP8(NRZ - I),CH2 接 11 号模块 TP4,对比观测原始 I 路信号与解调后 I 路信号的波形。

d. 示波器探头 CH1 接 10 号模块 TP9(NRZ - Q),CH2 接 11 号模块 TP5,对比观测原始 Q 路信号与解调后 Q 路信号的波形。

注:对任务三有兴趣的或者需要巩固调制原理知识的同学可以选择设置主菜单"QPSK 调制及解调"中的"QPSK I 路调制信号观测""QPSK Q 路调制信号观测"以及"QPSK 调制信号观测",分别观测载频为 256 kHz 的 I 路调制信号波形、Q 路调制信号波

形以及 QPSK 调制信号波形,输出测试点均为 I – Out。

## 【实验报告】

（1）分析实验电路的工作原理,简述其工作过程。

（2）观测并分析实验现象。

# 实验 2.3　OQPSK 调制及解调

## 【实验目的】

了解 OQPSK 调制解调的原理及特性。

## 【实验器材】

（1）主控 & 信号源模块、10 号模块、11 号模块　　　　　　　　　　　各一块

（2）双踪示波器　　　　　　　　　　　　　　　　　　　　　　　　一台

（3）连接线　　　　　　　　　　　　　　　　　　　　　　　　　若干

## 【实验原理】

（1）实验原理框图（见图 2.3.1 和图 2.3.2）

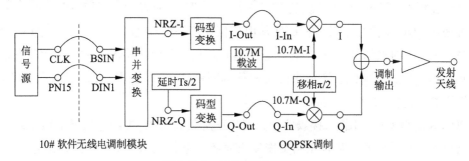

**图 2.3.1　OQPSK 调制框图**

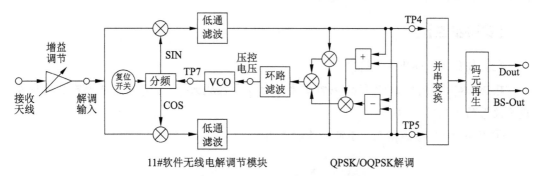

**图 2.3.2　QPSK/OQPSK 解调框图**

（2）实验框图说明

OQPSK 调制实验框图中,基带信号经过串并变换处理,输出 NRZ – I 和 NRZ – Q 两路信号;然后分别经过码型变换(将单极性码变成双极性码)处理,形成 I – Out 和 Q – Out 输出,其中 Q 路信号延时半个时钟周期;再分别与 10.7 MHz 相干载波相乘后叠加;最后输出 OQPSK 调制信号(注:这里极性变换处理的方法与 QPSK 不同)。QPSK 调制可以看作是两路 BPSK 信号的叠加。两路 BPSK 的基带信号分别是原基带信号的奇数位和偶数位,两路 BPSK 信号的载波频率相同,相位相差 90°。OQPSK 与 QPSK 相比,是两路 BPSK 调制基带信号的相位上的区别,QPSK 两路基带信号是完全对齐的,OQPSK 两路基带信号相差半个时钟周期。

在 OQPSK 中,I 支路比特流和 Q 支路比特流在数据沿上差半个符号周期,其他特性和 QPSK 信号类似。在 QPSK 信号中,奇比特流和偶比特流的比特同时跳变,但是在 OQPSK 信号中,I 支路比特流和 Q 支路比特流在它们的变化沿的地方错开一比特(半个符号周期)。它们的波形如图 2.3.3 所示。

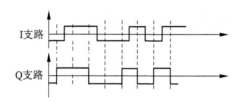

**图 2.3.3  OQPSK 中 I、Q 路数据的交错情况**

由于在标准 QPSK 中,相位跳变仅在每个 Ts = 2Tb 秒时发生,并且存在 180° 的最大相移。可是在 OQPSK 信号中,比特跳变(从而相位跳变)每 Tb 秒发生一次。因为 I 支路和 Q 支路的跳变瞬时被错开了,所以在任意给定时刻只有两个比特流中的一个改变它的值。这意味着,在任意时刻发送信号的最大相移都限制在 ±90°。因此,OQPSK 信号消除了 180° 相位跳变,改善了其包络特性。

OQPSK 解调实验框图中,接收信号分别与正交载波相乘,再经过低通滤波处理,然后将两路信号进行并串变换和码元判决恢复出原始的基带信号。其中,解调所用载波是由同步电路提取并处理的相干载波。

【实验步骤】

（1）任务一　OQPSK 调制

**概述:**本项目是观测 OQPSK 调制信号的时域或频域波形,了解调制信号产生机理及成形波形的星座图。

① 模块关电,按表格 2.3.1 所示连线。

表 2.3.1　实验连线表

| 源端口 | 目的端口 | 连线说明 |
| --- | --- | --- |
| 信号源:PN | 模块 10:TH3(DIN1) | 信号输入 |
| 信号源:CLK | 模块 10:TH1(BSIN) | 时钟输入 |
| 模块 10:TH7(I–Out) | 模块 10:TH6(I–In) | I 路成形信号加载频 |
| 模块 10:TH9(Q–Out) | 模块 10:TH8(Q–In) | Q 路成形信号加载频 |

② 模块开电,设置主控菜单,选择"主菜单"→"移动通信"→"OQPSK 调制及解调"→"OQPSK 星座图观测及'硬调制'"。

③ 此时系统初始状态:PN 序列输出频率 16 kHz,载频为 10.7 MHz。

④ 实验操作及波形观测。

a. 示波器探头 CH1 接 10 号模块 TP8(NRZ–I),CH2 接 10 号模块 TP9(NRZ–Q),观测基带信号经过串并变换后输出的两路波形。

b. 示波器探头 CH1 接 10 号模块 TP8(NRZ–I),CH2 接 10 号模块 TH7(I–Out),用直流耦合对比观测 I 路信号成形前后的波形,结果可参考图 2.3.4。

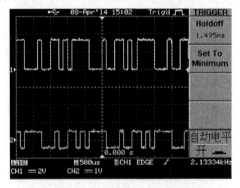

图 2.3.4　I 路信号成形前后波形图

图 2.3.4 中,1 通道为 TP8(NRZ–I),2 通道为 TH7(I–Out)。

c. 示波器探头 CH1 接 10 号模块 TP9(NRZ–Q),CH2 接 10 号模块 TH9(Q–Out),用直流耦合对比观测 Q 路信号成形前后的波形,结果可参考图 2.3.5。

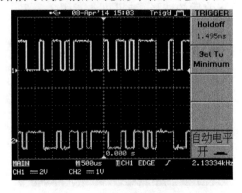

图 2.3.5　Q 路信号成形前后波形图

图 2.3.5 中,1 通道为 TP9(NRZ - Q),2 通道为 TH9(Q - Out)。

d. 示波器探头 CH1 接 10 号模块 TH7(I - Out),CH2 接 10 号模块 TH9(Q - Out),调节示波器为 XY 模式,观察 OQPSK 星座图,结果可参考图 2.3.6。

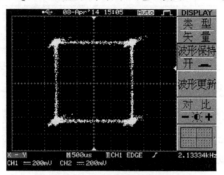

**图 2.3.6　OQPSK 星座图**

图 2.3.6 中,1 通道为 TH7(I - Out),2 通道为 TH9(Q - Out),调节示波器为 X - Y 挡,打开余辉功能。

e. 示波器探头 CH1 接 10 号模块 TH7(I - Out),CH2 接 10 号模块 TP3(I),对比观测 I 路成形波形的载波调制前后的波形,结果可参考图 2.3.7。

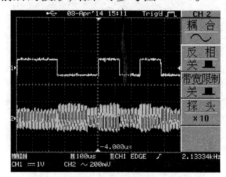

**图 2.3.7　I 路成形波形载波调制前后波形图**

图 2.3.7 中,1 通道为 TH7(I - Out),2 通道为 TP3(I)。

f. 示波器探头 CH1 接 10 号模块 TH9(Q - Out),CH2 接 10 号模块 TP4(Q),对比观测 Q 路成形波形的载波调制前后的波形,结果可参考图 2.3.8。

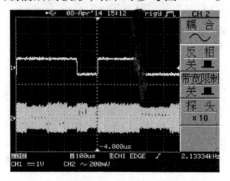

**图 2.3.8　Q 路成形波形载波调制前后波形图**

图 2.3.8 中,1 通道为 TH9(Q-Out),2 通道为 TP4(Q)。

g. 示波器探头 CH1 接 10 模块的 TP1,观测 I 路和 Q 路加载频后的叠加信号,即 OQPSK 调制信号,结果可参考图 2.3.9。

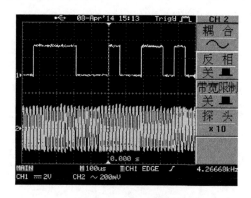

**图 2.3.9　OQPSK 调制信号**

图 2.3.9 中,1 通道为输入信号 PN 序列,2 通道为 QPSK 调制输出 TP1。

注:适当调节电位器 W1 和 W2 使 IQ 两路载频幅度相同且最大程度不失真。

(2) **任务二　OQPSK 相干解调**

**概述:** 本项目是对比观测 OQPSK 解调信号和原始基带信号的波形,了解 OQPSK 相干解调的实现方法。

① 模块关电,保持任务一中的连线不变,继续按表 2.3.2 所示连线。

**表 2.3.2　实验连线表**

| 源端口 | 目的端口 | 连线说明 |
| --- | --- | --- |
| 模块 10:P1(调制输出) | 模块 11:P1(解调输入) | 已调信号送入解调端 |

② 模块开电,设置主控菜单,选择"主菜单"→"移动通信"→"OQPSK 调制及解调"→"OQPSK 星座图观测及'硬调制'"。

③ 此时系统初始状态:PN 序列输出频率 16 kHz,载频为 10.7 MHz。

④ 实验操作及波形观测。

a. 示波器探头 CH1 接 10 号模块 TH3(DIN1),CH2 接 11 号模块 TH4(Dout)。适当调节 11 号模块压控偏置电位器 W1 来改变载波相位,对比观测原始基带信号和解调输出信号的波形。

b. 示波器探头 CH1 接 10 号模块 TH1(BSIN),CH2 接 11 号模块 TH5(BS-Out),对比观测原始时钟信号和解调恢复时钟信号的波形。

c. 示波器探头 CH1 接 10 号模块 TP8(NRZ-I),CH2 接 11 号模块 TP4,对比观测原始 I 路信号与解调后 I 路信号的波形。

d. 示波器探头 CH1 接 10 号模块 TP9(NRZ-Q),CH2 接 11 号模块 TP5,对比观测原始 Q 路信号与解调后 Q 路信号的波形。

注:对任务三有兴趣的或者需要巩固调制原理知识的同学可以选择设置主菜单"OQPSK 调制及解调"中的"OQPSK I 路调制信号观测""OQPSK Q 路调制信号观测"以及"OQPSK 调制信号观测"。观测载频为 256 kHz 的 I 路调制信号波形、Q 路调制信号波形以及 OQPSK 调制信号波形。输出测试点均为 I – Out。

## 【实验报告】

（1）分析实验电路的工作原理,简述其工作过程。
（2）观测并分析实验现象。

# 实验2.4　基带信号预成形技术

## 【实验目的】

（1）了解正交调制中基带信号的产生原理及方法。
（2）了解基带滤波器的作用。
（3）了解工程中常用的设计原理及方法。

## 【实验器材】

（1）主控 & 信号源模块、10 号模块　　　　　　　　　　　　　　　各一块
（2）双踪示波器　　　　　　　　　　　　　　　　　　　　　　　一台
（3）连接线　　　　　　　　　　　　　　　　　　　　　　　　若干

## 【实验原理】

随着通信业务量的增加,频谱资源日趋紧张。为了提高系统的容量,信道间隔已由最初的 100 kHz 减少到 25 kHz,并将进一步减少到 12.5 kHz,甚至更小。由于数字通信具有建网灵活,容易采用数字差错控制技术和数字加密,便于集成化,并能够进入 ISDN 网等特点,而且目前通信系统都在由模拟制式向数字制式过渡,因此,系统中必须采用数字调制技术。

数字信号调制的基本类型分为振幅键控（ASK）、频移键控（FSK）和相移键控（PSK）。一般的数字调制技术因传输效率低而无法满足移动通信的要求,为此需要专门研究一些抗干扰性强、误码性能好、频谱利用率高的调制技术,尽可能地提高单位频谱内传输数据的比特率,以适用于移动通信的窄带数据传输的要求。如最小频移键控（MSK,Minimum Shift Keying）、高斯滤波最小频移键控（GMSK,Gaussian Filtered Minimum Shift Keying）、四相相移键控（QPSK,Quadrature Reference Phase Shift Keying）、交错正交四相相移键控（OQPSK,Offset Quadrature Reference Phase Shift Keying）、四相相对相移键控（DQPSK,

Differential Quadrature Reference Phase Shift Keying）和 π/4 正交相移键控（π/4 - DQPSK，
Differential Quadrature Reference Phase Shift Keying）已在数字蜂窝移动通信系统中得到广
泛应用。

数字调制技术又可分为两类：一类是线性调制技术。主要包括 PSK、QPSK、DQPSK、
OQPSK、π/4-DQPSK 和多电平 PSK 等。这一类调制技术要求通信设备从频率变换到放大
和发射过程中保持充分的线性，因此在制造移动设备中会增加难度和成本，但可以获得较
高的频谱利用率。另一类是恒包络调制技术。主要包括 MSK、GMSK、GFSK、TFM 等。这
类调制技术的优点是已调信号具有相对窄的功率谱和对放大设备没有线性要求；不足之
处是其频谱利用率通常低于线性调制技术。由于这两类调制技术各有优势，因此被不同
的移动通信系统所采用。例如，GSM 系统采用 GMSK 调制，而 IS - 95CDMA 系统采用
QPSK 和 OQPSK 调制。

为了使用户能够对各种移动通信中常用的数字调制技术的特点、区别和实现方式有
清楚和全面的认识，本实验系统提供了 MSK（最小移频键控）、GMSK（高斯最小移频键
控）、QPSK（四相绝对移相键控）、OQPSK（交错正交四相相移键控）、PSK（二进制移相键
控）五种数字调制技术。

众所周知，一个理想的恒包络信道的频谱几乎是无限宽的，这样的信道对频谱资源来
说完全是无法忍受的。为了克服恒包络调制中的频谱利用率低的问题，通常会对信号进
行频谱限制，即通过滤波的方法对每一个信道进行滤波，以降低其信道带宽，但这样做会
引起信号的失真。为避免频谱限制所引起的失真，我们在调制之前必须对基带信号进行
处理，降低基带信号的占用带宽，这一处理即为基带成形。

MSK 基带波形只有两种波形组成，如图 2.4.1 所示。

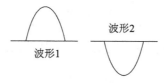

**图 2.4.1　MSK 基带信号波形**

在 MSK 调制方式中，成形信号取出原理为：由于成形信号只有两种波形选择，因此当
前数据取出的成形信号只与它的前一位数据有关。如果当前数据与前一数据相同，数据
第一次保持时，输出的成形信号不变（如果前一数据对应波形1，那么当前数据仍对应波
形1）；从第二次保持开始，输出的成形信号与前一信号相反（如果前一数据对应波形1，那
么当前数据对应波形2）。如果当前数据与前一位数据相反，数据第一次跳变时，输出的
成形信号与前一信号相反（如果前一数据对应波形1，那么当前数据对应波形2）。从数据
第二次跳变开始，输出的成形信号不变（如果前一数据对应波形1，那么当前数据仍对应
波形1）。MSK 的基带成形信号波形如图 2.4.2 所示。

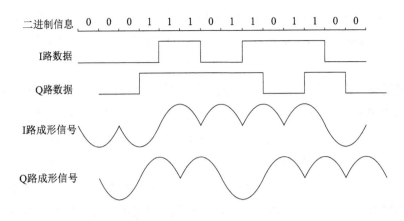

**图 2.4.2 MSK 的基带信号波形**

GMSK 调制方式,是在 MSK 调制器之前加入一个基带信号预处理滤波器,即高斯低通滤波器。由于这种滤波器能将基带信号变换成高斯脉冲信号,其包括无陡峭边沿和拐点,从而达到改善 MSK 信号频谱特性的目的。

**【实验步骤】**

(1) 任务一　MSK 预成形

**概述:**本项目是观测 MSK 成形信号以及星座图,了解基带信号预成形的产生机理。

① 模块关电,按表 2.4.1 所示连线。

**表 2.4.1　实验连线表**

| 源端口 | 目的端口 | 连线说明 |
|---|---|---|
| 信号源:PN | 模块 10:TH3(DIN1) | 信号输入 |
| 信号源:CLK | 模块 10:TH1(BSIN) | 时钟输入 |

② 模块开电,设置主控菜单,选择"主菜单"→"移动通信"→"基带信号预成形技术"→"MSK 星座图观测"。

③ 此时系统初始状态:PN 序列输出频率 16 kHz。

④ 实验操作及波形观测。

a. 示波器探头 CH1 接 10 号模块 TP8(NRZ - I),CH2 接 10 号模块 TP9(NRZ - Q),观测基带信号经过串并变换后输出的两路波形。

b. 示波器探头 CH1 接 10 号模块 TP8(NRZ - I),CH2 接 10 号模块 TH7(I - Out),对比观测 I 路信号成形前后的波形,参考波形如图 2.4.3。

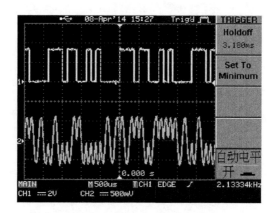

**图 2.4.3　I 路信号成形前后波形图**

图 2.4.3 中,1 通道为 10 号模块 TP8(NRZ - I),2 通道为 10 号模块 TH7(I - Out)。

c. 示波器探头 CH1 接 10 号模块 TP9(NRZ - Q),CH2 接 10 号模块 TH9(Q - Out),对比观测 Q 路信号成形前后的波形。

d. 示波器探头 CH1 接 10 号模块 TH7(I - Out),CH2 接 10 号模块 TH9(Q - Out),调节示波器为 XY 模式,观察 MSK 星座图,参考波形见图 2.4.5。

(2) 任务二　GMSK 预成形

**概述:** 本项目是观测 GMSK 成形信号以及星座图,了解基带信号预成形的产生机理。

① 连线保持和任务一的不变。

② 模块开电,设置主控菜单,选择"主菜单"→"移动通信"→"基带信号预成形技术"→"GMSK 星座图观测"。

③ 类似任务一的测试内容,观测 GMSK 预成形相关波形及星座图,参考波形见图 2.4.4 和图 2.4.5。

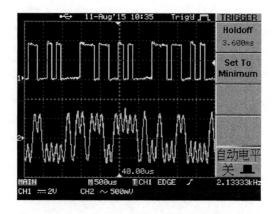

**图 2.4.4　Q 路 NRZ 码和 Q 路调制信号输出**

图 2.4.4 中,1 通道为 10 号模块 TP9(NRZ - Q),2 通道为 10 号模块 TH9(Q - Out)。

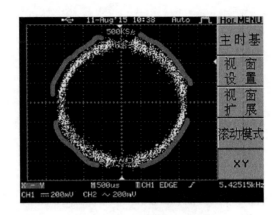

**图 2.4.5　GMSK 星座图**

图 2.4.5 中,1 通道为 TH7(I – Out),2 通道为 TH9(Q – Out),调节示波器为 X – Y 挡,打开余辉功能。对比 MSK 星座图,区别在于:GMSK 为了改善发射频谱,信号先经过高斯低通滤波器,这造成了码间干扰比 MSK 大。

**【实验报告】**

(1) 简述基带信号成形原理。

(2) 思考 MSK 及 GMSK 预成形信号有何区别。可以从成形信号的频域特性和矢量星座图等角度观测比较。

## 实验 2.5　MSK 调制及解调

**【实验目的】**

了解 MSK 调制解调的原理及特性。

**【实验器材】**

(1) 主控 & 信号源模块、10 号模块、11 号模块　　　　　　　　　　各一块
(2) 双踪示波器　　　　　　　　　　　　　　　　　　　　　　　　一台
(3) 连接线　　　　　　　　　　　　　　　　　　　　　　　　　　若干

**【实验原理】**

(1) 实验原理框图(见图 2.5.1 和图 2.5.2)

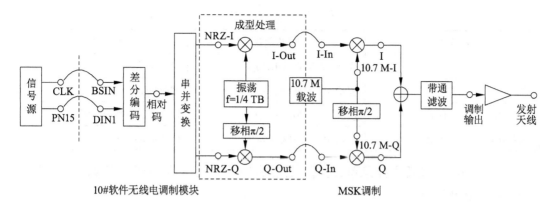

**图 2.5.1　MSK/GMSK 调制框图**

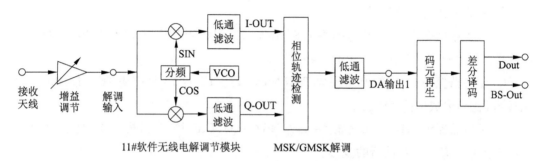

**图 2.5.2　MSK/GMSK 解调框图**

（2）实验框图说明

MSK 调制实验框图中,基带信号先经过差分变换,再串并变换处理分成奇数位、偶数位输出 NRZ - I 和 NRZ - Q 两路信号;然后分别经过波形查表处理,将基带信号映射成正弦波(是为了得到圆形的星座图),形成 I - Out 和 Q - Out 成形输出;再分别与 10.7 MHz 正交载波相乘后叠加;最后输出 MSK 调制信号。GMSK 与 MSK 相比,在基带成形是所用的正弦波更加平滑,其他与 MSK 相同。

MSK 解调实验框图中,接收信号分别与正交载波相乘,经过低通滤波处理,然后将两路信号进行相位轨迹检测,经低通滤波处理后得到模拟信号,最后通过码元再生电路以及差分逆变换电路恢复出原始的基带信号。其中,解调用的载波与调制端非同步,是译码端本地 VCO 分频所得的正交载波。

**【实验步骤】**

（1）任务一　MSK 调制

**概述**:本项目是观测 MSK 调制信号的时域或频域波形,了解调制信号产生机理及成形波形的星座图。

① 模块关电,按表格 2.5.1 所示进行连线。

表 2.5.1　实验连线表

| 源端口 | 目的端口 | 连线说明 |
|---|---|---|
| 信号源:PN | 模块 10:TH3(DIN1) | 信号输入 |
| 信号源:CLK | 模块 10:TH1(BSIN) | 时钟输入 |
| 模块 10:TH7(I-Out) | 模块 10:TH6(I-In) | I 路成形信号加载频 |
| 模块 10:TH9(Q-Out) | 模块 10:TH8(Q-In) | Q 路成形信号加载频 |

② 模块开电,设置主控菜单,选择"主菜单"→"移动通信"→"MSK 调制解调"→"MSK 硬调制及解调"。

③ 此时系统初始状态:PN 序列输出频率 16 kHz,载频 10.7 MHz。

④ 实验操作及波形观测。

a. 示波器探头 CH1 接 10 号模块 TP8(NRZ-I),CH2 接 10 号模块 TP9(NRZ-Q),观测基带信号经过串并变换后输出的两路波形。

b. 示波器探头 CH1 接 10 号模块 TP8(NRZ-I),CH2 接 10 号模块 TH7(I-Out),对比观测 I 路信号成形前后的波形。

c. 示波器探头 CH1 接 10 号模块 TP9(NRZ-Q),CH2 接 10 号模块 TH9(Q-Out),对比观测 Q 路信号成形前后的波形。

d. 示波器探头 CH1 接 10 号模块 TH7(I-Out),CH2 接 10 号模块 TH9(Q-Out),调节示波器为 XY 模式,观察 MSK 星座图。

e. 示波器探头 CH1 接 10 号模块 TH7(I-Out),CH2 接 10 号模块 TP3(I),对比观测 I 路成形波形的载波调制前后的波形,参考波形见图 2.5.3。

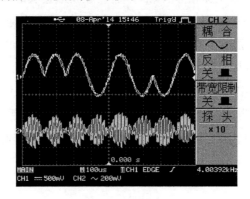

图 2.5.3　I 路成形波形的载波调制前后波形图

图 2.5.3 中,1 通道为 10 号模块 TH7(I-Out),2 通道为 10 号模块 TP3(I)。

f. 波器探头 CH1 接 10 号模块 TH9(Q-Out),CH2 接 10 号模块 TP4(Q),对比观测 Q 路成形波形的载波调制前后的波形。

g. 示波器探头 CH1 接 10 模块的 TP1,观测 I 路和 Q 路加载频后的叠加信号,即 MSK 调制信号,参考波形见图 2.5.4。

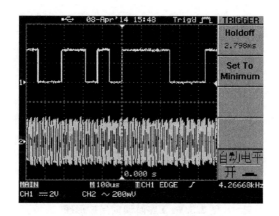

**图 2.5.4　MSK 调制信号**

图 2.5.4 中,1 通道为 PN 序列,2 通道为 10 号模块 TP1,理解恒包络调制。

（2）任务二　MSK 非相干解调

**概述**:本项目是对比观测 MSK 解调信号和原始基带信号的波形,了解 MSK 非相干解调的实现方法。

① 模块关电,保持任务一中的连线不变,继续按表 2.5.2 所示连线。

**表 2.5.2　实验连线表**

| 源端口 | 目的端口 | 连线说明 |
| --- | --- | --- |
| 模块 10:P1（调制输出） | 模块 11:P1（解调输入） | 已调信号送入解调端 |

② 模块开电,设置主控菜单,选择"主菜单"→"移动通信"→"MSK 调制解调"→"MSK 硬调制及解调"。

③ 此时系统初始状态:PN 序列输出频率 16 kHz,载频为 10.7 MHz。

④ 实验操作及波形观测。

a. 示波器探头 CH1 接 10 号模块 TH3（DIN1）,CH2 接 11 号模块 TH4（Dout）,适当调节 11 号模块压控偏置电位器 W1,同时按复位开关键 S3,对比观测原始基带信号和解调输出信号的波形。

注:当解调输出和基带信号码型相同（观测波形中会有码元延时）时,表示系统调节正常无误码。

b. 示波器探头 CH1 接 10 号模块 TH1（BSIN）,CH2 接 11 号模块 TH5（BS-Out）,对比观测原始时钟信号和解调恢复时钟信号的波形。

c. 示波器探头 CH1 接 10 号模块 TH7（I-Out）,CH2 接 11 号模块 TP4,对比观测原始 I 路成形信号与解调后 I 路成形信号的波形,参考波形见图 2.5.5。

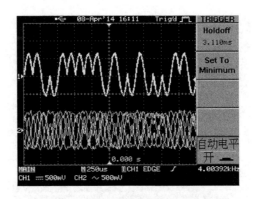

**图 2.5.5 I 路解调前后波形图**

图 2.5.5 中 1 通道为 10 号模块 TH7(I‑Out),2 通道为 11 号模块 TP4,在非相干解调方式下,两个信号的载波没有相干性,调节示波器的释抑时间无法使这两个信号保持同步稳定。若要静态观测两个信号的区别,可以使用示波器的单次触发功能。

d. 示波器探头 CH1 接 10 号模块 TP9(Q‑Out),CH2 接 11 号模块 TP5,对比观测原始 Q 路成形信号与解调后 Q 路成形信号的波形,参考波形见图 2.5.6。

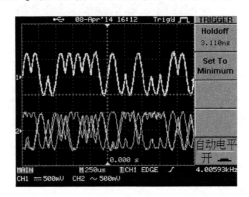

**图 2.5.6 Q 路解调前后波形图**

图 2.5.6 中,1 通道为 10 号模块 TP9(Q‑Out),2 通道为 11 号模块 TP5,同上。

c. 示波器探头 CH1 接 10 号模块 TH3(DIN1),CH2 接 11 号模块 TH10(DA 输出 1),对比观测原始基带信号与解调后但未经码元再生判决的信号。

注:对任务三有兴趣的或者需要巩固调制原理知识的同学可以选择设置主菜单"MSK调制及解调"中的"MSK I 路调制信号观测""MSK Q 路调制信号观测"以及"MSK 软调制信号观测",观测载频为 256 kHz 的 I 路调制信号波形、Q 路调制信号波形以及 MSK 调制信号波形,输出测试点均为 I‑Out。

**【实验报告】**

(1)分析实验电路的工作原理,简述其工作过程。

(2)观测并分析实验过程中的实验现象。

## 实验 2.6 GMSK 调制及解调

### 【实验目的】

了解 GMSK 调制解调的原理及特性。

### 【实验器材】

(1) 主控 & 信号源模块、10 号模块、11 号模块      各一块
(2) 双踪示波器      一台
(3) 连接线      若干

### 【实验原理】

(1) 实验原理框图(见图 2.6.1 和图 2.6.2)

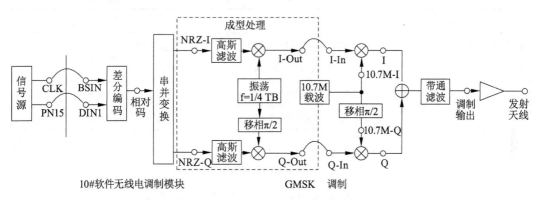

**图 2.6.1 MSK/GMSK 调制框图**

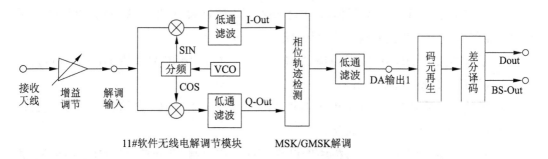

**图 2.6.2 MSK/GMSK 解调框图**

(2) 实验框图说明

GMSK 调制实验框图中,基带信号先经过差分变换,再串并变换处理分成奇数位、偶数位输出 NRZ – I 和 NRZ – Q 两路信号;然后分别经过波形查表处理,将基带信号映射成

正弦波(是为了得到圆形的星座图),形成 I-Out 和 Q-Out 成形输出;再分别与 10.7 MHz 正交载波相乘后叠加;最后输出 GMSK 调制信号。GMSK 与 MSK 相比,在基带成形是所用的正弦波更加平滑,其他与 MSK 相同。

GMSK 解调实验框图中,接收信号分别与正交载波相乘,经过低通滤波处理,然后将两路信号进行相位轨迹检测,经低通滤波处理后得到模拟信号,最后通过码元再生电路以及差分逆变换电路恢复出原始的基带信号。其中,解调用的载波与调制端非同步,是译码端本地 VCO 分频所得的正交载波。

## 【实验步骤】

(1) 任务一　GMSK 调制

**概述**:本项目是观测 GMSK 调制信号的时域或频域波形,了解调制信号产生机理及成形波形的星座图。

① 模块关电,按表 2.6.1 所示连线。

表 2.6.1　实验连线表

| 源端口 | 目的端口 | 连线说明 |
|---|---|---|
| 信号源:PN | 模块 10:TH3(DIN1) | 信号输入 |
| 信号源:CLK | 模块 10:TH1(BSIN) | 时钟输入 |
| 模块 10:TH7(I-Out) | 模块 10:TH6(I-In) | I 路成形信号加载频 |
| 模块 10:TH9(Q-Out) | 模块 10:TH8(Q-In) | Q 路成形信号加载频 |

② 模块开电,设置主控菜单,选择"主菜单"→"移动通信"→"GMSK 调制及解调"→"GMSK 硬调制及解调"。

③ 此时系统初始状态:PN 序列输出频率 16 kHz,载频 10.7 MHz。

④ 实验操作及波形观测。

a. 示波器探头 CH1 接 10 号模块 TP8(NRZ-I),CH2 接 10 号模块 TP9(NRZ-Q),观测基带信号经过串并变换后输出的两路波形。

b. 示波器探头 CH1 接 10 号模块 TP8(NRZ-I),CH2 接 10 号模块 TH7(I-Out),对比观测 I 路信号成形前后的波形。

c. 示波器探头 CH1 接 10 号模块 TP9(NRZ-Q),CH2 接 10 号模块 TH9(Q-Out),对比观测 Q 路信号成形前后的波形。

d. 示波器探头 CH1 接 10 号模块 TH7(I-Out),CH2 接 10 号模块 TH9(Q-Out),调节示波器为 XY 模式,观察 GMSK 星座图,参考波形见图 2.6.3。

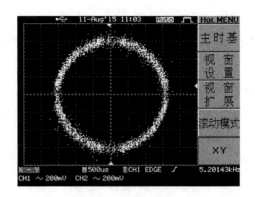

**图 2.6.3  GMSK 星座图**

图 2.6.3 中,1 通道为 10 号模块 TH7(I - Out),2 通道为 10 号模块 TH9(Q - Out),示波器为 XY 模式。

e. 示波器探头 CH1 接 10 号模块 TH7(I - Out),CH2 接 10 号模块 TP3(I),对比观测 I 路成形波形的载波调制前后的波形,参考波形见图 2.6.4。

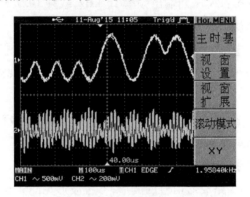

**图 2.6.4  I 路成形波形载波调制前后波形图**

图 2.6.4 中,1 通道为 10 号模块 TH7(I - Out),2 通道为 10 号模块 TP3(I)。

f. 示波器探头 CH1 接 10 号模块 TH9(Q - Out),CH2 接 10 号模块 TP4(Q),对比观测 Q 路成形波形的载波调制前后的波形,参考波形见图 2.6.5。

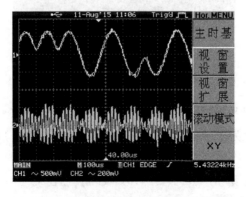

**图 2.6.5  Q 路成形波形载波调制前后的波形图**

图 2.6.5 中,1 通道为 10 号模块 TH9(Q - Out),2 通道为 10 号模块 TP4(Q)。

g. 示波器探头 CH1 接 10 模块的 TP1,观测 I 路和 Q 路加载频后的叠加信号,即 GM-SK 调制信号。

(2) 任务二　GMSK 非相干解调

**概述:**本项目是对比观测 GMSK 解调信号和原始基带信号的波形,了解 GMSK 非相干解调的实现方法。

① 模块关电,保持任务一中的连线不变,继续按表 2.6.2 所示连线。

表 2.6.2　实验连线表

| 源端口 | 目的端口 | 连线说明 |
| --- | --- | --- |
| 模块 10:P1(调制输出) | 模块 11:P1(解调输入) | 已调信号送入解调端 |

② 模块开电,设置主控菜单,选择"主菜单"→"移动通信"→"GMSK 调制及解调"→"GMSK 硬调制及解调"。

③ 此时系统初始状态:PN 序列输出频率 16 kHz,载频 10.7 MHz。

④ 实验操作及波形观测。

a. 示波器探头 CH1 接 10 号模块 TH3(DIN1),CH2 接 11 号模块 TH4(Dout),适当调节 11 号模块压控偏置电位器 W1,同时按复位开关键 S3,对比观测原始基带信号和解调输出信号的波形。

b. 示波器探头 CH1 接 10 号模块 TH1(BSIN),CH2 接 11 号模块 TH5(BS - Out),对比观测原始时钟信号和解调恢复时钟信号的波形。

c. 示波器探头 CH1 接 10 号模块 TH7(I - Out),CH2 接 11 号模块 TP4,对比观测原始 I 路成形信号与解调后 I 路成形信号的波形,参考波形见图 2.6.6。

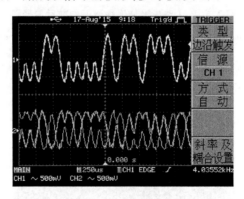

**图 2.6.6　原始 I 路成形信号与解调后 I 路成形信号波形图**

图 2.6.6 中,1 通道为 10 号模块 TH7(I - Out),2 通道为 11 号模块 TP4。注意点同 MSK。

d. 示波器探头 CH1 接 10 号模块 TP9(Q - Out),CH2 接 11 号模块 TP5,对比观测原始 Q 路成形信号与解调后 Q 路成形信号的波形。

e. 示波器探头 CH1 接 10 号模块 TH3(DIN1),CH2 接 11 号模块 TH10(DA 输出 1),对比观测原始基带信号与解调后但未经码元再生判决的信号。

注:对任务三有兴趣的或者需要巩固调制原理知识的同学可以选择设置主菜单"GMSK 调制及解调"中的"GMSK I 路调制信号观测""GMSK Q 路调制信号观测"以及"GMSK 软调制信号观测",观测载频为 256 kHz 的 I 路调制信号波形、Q 路调制信号波形以及 GMSK 调制信号波形,输出测试点为 I - Out。

## 【实验报告】

(1) 分析实验电路的工作原理,简述其工作过程。

(2) 观测并分析实验过程中的实验现象。

# 实验 2.7　π/4DQPSK 调制及解调

## 【实验目的】

了解 π/4DQPSK 调制解调的原理及特性。

## 【实验器材】

| | |
|---|---|
| (1) 主控 & 信号源模块、10 号模块、11 号模块 | 各一块 |
| (2) 双踪示波器 | 一台 |
| (3) 连接线 | 若干 |

## 【实验原理】

(1) 实验原理框图(见图 2.7.1 和图 2.7.2)

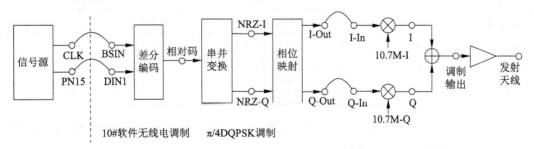

**图 2.7.1　π/4DQPSK 调制框图**

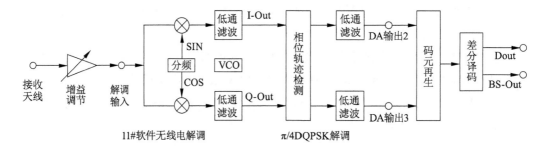

图 2.7.2　π/4DQPSK 解调框图

（2）实验框图说明

π/4DQPSK 调制实验框图中，基带信号先经过差分变换得到相对码，再串并变换处理输出 NRZ－I 和 NRZ－Q 两路信号；然后分别经过相位映射处理，形成 I－Out 和 Q－Out 成形输出；再分别与 10.7 MHz 正交载波相乘后叠加；最后输出 π/4DQPSK 调制信号。

π/4DQPSK 解调实验框图中，接收信号分别与正交载波相乘，经过低通滤波处理，然后将两路信号进行相位轨迹检测，经低通滤波处理后得到模拟信号，最后通过码元再生电路以及差分逆变换电路恢复出原始的基带信号。其中，解调所用的两路载波是译码端本地 VCO 分频所得的正交载波。

【实验步骤】

（1）任务一　π/4DQPSK 调制

**概述**：本项目是观测 π/4DQPSK 调制信号的时域或频域波形，了解调制信号产生机理及成形波形的星座图。

① 模块关电，按表 2.7.1 所示连线。

表 2.7.1　实验连线表

| 源端口 | 目的端口 | 连线说明 |
| --- | --- | --- |
| 信号源：PN | 模块 10：TH3（DIN1） | 信号输入 |
| 信号源：CLK | 模块 10：TH1（BSIN） | 时钟输入 |
| 模块 10：TH7（I－Out） | 模块 10：TH6（I－In） | I 路成形信号加载频 |
| 模块 10：TH9（Q－Out） | 模块 10：TH8（Q－In） | Q 路成形信号加载频 |

② 模块开电，设置主控菜单，选择"主菜单"→"移动通信"→"π/4DQPSK 调制及解调"→"星座图观测及'硬调制'"。

③ 此时系统初始状态：PN 序列输出频率 16 kHz，载频 10.7 MHz。

④ 实验操作及波形观测。

a. 示波器探头 CH1 接 10 号模块 TP8（NRZ－I），CH2 接 10 号模块 TP9（NRZ－Q），观测基带信号经过串并变换后输出的两路波形。

b. 示波器探头 CH1 接 10 号模块 TP8(NRZ-I),CH2 接 10 号模块 TH7(I-Out),对比观测 I 路信号成形前后的波形,参考图 2.7.3。

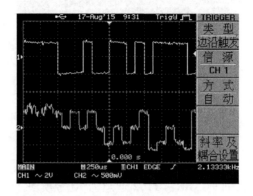

**图 2.7.3　I 路信号成形前后的波形图**

图 2.7.3 中,1 通道为 TP8(NRZ-I),2 通道为 10 号模块 TH7(I-Out),关于对 TH7(I-Out)信号的理解,可参考图 2.7.4。

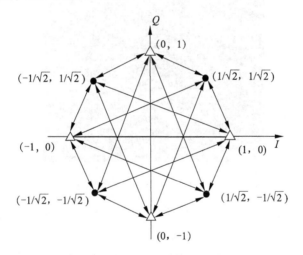

**图 2.7.4　$\pi/4$-DQPSK 信号星座图**

从图 2.7.4 中可以看出,$\pi/4$-DQPSK 信号的相位有 8 种情况,且相位在 $\alpha = \{5\pi/4, 3\pi/4, 7\pi/4, \pi/4\}$ 集合和 $\beta = \{0, \pi/2, \pi, 3\pi/2\}$ 集合之间交替变换。因而在不同的时刻,信号的输出会取不同的幅度值,实际取值与上图中的理论取值会有一定的不同。

c. 示波器探头 CH1 接 10 号模块 TP9(NRZ-Q),CH2 接 10 号模块 TH9(Q-Out),对比观测 Q 路信号成形前后的波形,参考波形见图 2.7.5。

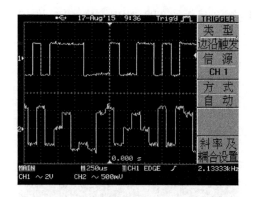

**图 2.7.5　Q 路信号成形前后的波形图**

图 2.7.5 中,1 通道为 TP9(NRZ - Q),2 通道为 10 号模块 TH9(Q - Out)。

d. 示波器探头 CH1 接 10 号模块 TH7(I - Out),CH2 接 10 号模块 TH9(Q - Out),调节示波器为 XY 模式,观察 π/4DQPSK 星座图,参考波形如图 2.7.6。

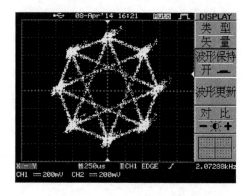

**图 2.7.6　π/4DQPSK 星座图**

图 2.7.6 中,1 通道为 TH7(I - Out),2 通道为 TH9(Q - Out),示波器设置为 XY 模式,打开余辉。

e. 示波器探头 CH1 接 10 号模块 TH7(I - Out),CH2 接 10 号模块 TP3(I),对比观测 I 路成形波形的载波调制前后的波形,参考波形见图 2.7.7。

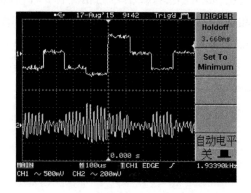

**图 2.7.7　I 路成形波形载波调制前后的波形图**

图 2.7.1 中,1 通道为 TH7(I – Out),2 通道为 10 号模块 TP3(I)。

f. 示波器探头 CH1 接 10 号模块 TH9(Q – Out),CH2 接 10 号模块 TP4(Q),对比观测 Q 路成形波形的载波调制前后的波形,参考波形见图 2.7.8。

**图 2.7.8　Q 路成形波形的载波调制前后的波形图**

图 2.7.8 中,1 通道为 TH9(Q – Out),2 通道为 10 号模块 TP4(Q)。

g. 示波器探头 CH1 接 10 模块的 TP1,观测 I 路和 Q 路加载频后的叠加信号,即 π/4DQPSK 调制信号。

注:适当调节电位器 W1 和 W2 使 IQ 两路载频幅度相同且最大程度不失真。

(2) **任务二　π/4DQPSK 非相干解调**

**概述**:本项目是对比观测 π/4DQPSK 解调信号和原始基带信号的波形,了解 π/4DQPSK 相干解调的实现方法。

① 模块关电,保持任务一中的连线不变,继续按表 2.7.2 所示连线。

**表 2.7.2　实验连线表**

| 源端口 | 目的端口 | 连线说明 |
| --- | --- | --- |
| 模块 10:P1(调制输出) | 模块 11:P1(解调输入) | 已调信号送入解调端 |

② 模块开电,设置主控菜单,选择"主菜单"→"移动通信"→"π/4DQPSK 调制及解调"→"星座图观测及'硬调制'"。

③ 此时系统初始状态:PN 序列输出频率 16 kHz,载频 10.7 MHz。

④ 实验操作及波形观测。

a. 示波器探头 CH1 接 10 号模块 TH3(DIN1),CH2 接 11 号模块 TH4(Dout),适当调节 11 号模块压控偏置电位器 W1,同时按复位开关键 S3,对比观测原始基带信号和解调输出信号的波形。

注:当解调输出和基带信号码型相同(观测波形中会有码元延时)时,表示系统调节正常无误码。

b. 示波器探头 CH1 接 10 号模块 TH1(BSIN),CH2 接 11 号模块 TH5(BS – Out),对

比观测原始时钟信号和解调恢复时钟信号的波形。

c. 示波器探头 CH1 接 10 号模块 TH7(I–Out),CH2 接 11 号模块 TP4,对比观测原始 I 路成形信号与解调后 I 路成形信号的波形,参考波形见图 2.7.9。

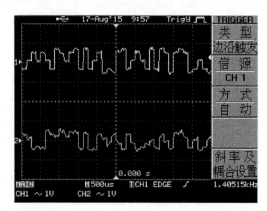

图 2.7.9 原始 I 路成形信号与解调后 I 路成形的信号波形图

图 2.7.9 中,1 通道为 10 号模块 TH7(I–Out),2 通道为 11 号模块 TP4。

d. 示波器探头 CH1 接 10 号模块 TP8(NRZ–I),CH2 接 11 号模块 TP9(DA 输出 2),对比观测原始 I 路信号与解调后未经门限判决的 I 路信号波形。

e. 示波器探头 CH1 接 10 号模块 TP9(Q–Out),CH2 接 11 号模块 TP5,对比观测原始 Q 路成形信号与解调后 Q 路成形信号的波形,参考波形见图 2.7.10。

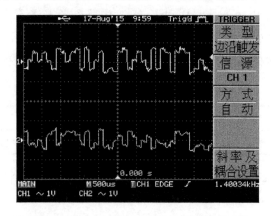

图 2.7.10 原始 Q 路成形信号与解调后 Q 路成形的信号波形图

图 2.7.10 中,1 通道为 10 号模块 TP9(Q–Out),2 通道为 11 号模块 TP5。

f. 示波器探头 CH1 接 10 号模块 TP9(NRZ–Q),CH2 接 11 号模块 TP10(DA 输出 3),对比观测原始 Q 路信号与解调后未经门限判决的 Q 路信号波形,参考波形如图 2.7.11。

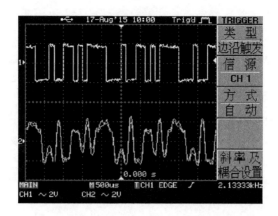

**图 2.7.11　原始 Q 路信号与解调后未经门限判决的 Q 路信号波形图**

图 2.7.11 中,1 通道为 10 号模块 TP9(NRZ – Q),2 通道为 11 号模块 TP10(DA 输出 3)。

注:对任务三有兴趣的或者需要巩固调制原理知识的同学可以选择设置主菜单"π/4DQPSK 调制及解调"中的"I 路调制信号观测""Q 路调制信号观测"以及"软调制信号观测",观测载频为 256 kHz 的 I 路调制信号波形、Q 路调制信号波形以及 π/4DQPSK 调制信号波形,输出测试点为 I – Out。

## 【实验报告】

(1) 分析实验电路的工作原理,简述其工作过程。
(2) 观测并分析实验过程中的实验现象。

# 实验 2.8　16QAM 调制及解调

## 【实验目的】

了解 16QAM 调制解调的原理及特性。

## 【实验器材】

(1) 主控 & 信号源模块、10 号模块、11 号模块　　　　　　　　　各一块
(2) 双踪示波器　　　　　　　　　　　　　　　　　　　　　　　一台
(3) 连接线　　　　　　　　　　　　　　　　　　　　　　　　　若干

## 【实验原理】

(1) 实验原理框图(见图 2.8.1 和图 2.8.2)

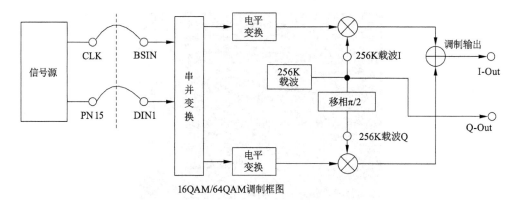

图 2.8.1　16QAM 调制框图

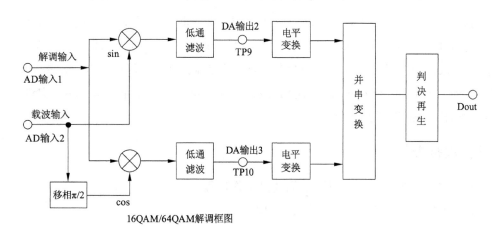

图 2.8.2　16QAM 解调框图

（2）实验框图说明

系统由 10 号模块进行 16QAM 调制,11 号模块进行 16QAM 解调。建议使用 127 位的 PN 序列看 16QAM 星座图。

## 【实验步骤】

（1）任务一　16QAM 调制

**概述:**本项目是观测 16QAM 调制信号的时域或频域波形,了解调制信号产生机理及成形波形的星座图。

① 模块关电,按表 2.8.1 所示连线。

表 2.8.1　实验连线表

| 源端口 | 目的端口 | 连线说明 |
| --- | --- | --- |
| 信号源:PN | 模块 10:TH3（DIN1） | 信号输入 |
| 信号源:CLK | 模块 10:TH1（BSIN） | 时钟输入 |

② 模块开电,设置主控菜单,选择"主菜单"→"移动通信"→"16QAM 调制及解调",再选择主控模块的"功能 1",设置数字信号源,使 PN 输出码型为"PN127"。

③ 此时系统初始状态:PN 序列输出频率 16 kHz,载频 256 kHz。

④ 实验操作及波形观测。

a. 选择主菜单"16QAM 调制及解调""星座图观测",此时 10 号模块 TH7(I - Out)和 TH9(Q - Out)分别为 16QAM 调制中 I、Q 两路成形信号。示波器探头 CH1 接 10 号模块 TH7(I - Out),CH2 接 10 号模块 TH9(Q - Out),调节示波器为 XY 模式,观察 16QAM 星座图。

注:由于矢量星座图的形成跟 I、Q 两路成形的信号有关,也就是说,矢量星座图与输入端 PN 序列的码元情况相关。在实验观察中,如果选择 127 位的 PN 序列作为输入信号,则可以明显看到完整的含有 16 个相位点的星座图;如果选择 15 位的 PN 序列作为输入信号,则星座图中某个相位点缺失。所以,建议设置主控模块的数字信号源 PN 输出码型,选择"PN127"进行星座图观测实验。

b. 选择主菜单"16QAM 调制及解调""I 路调制信号观测",此时 10 号模块 TH7(I - Out)为 I 路成形信号经 256 kHz 载波相乘后输出的调制波形。示波器探头 CH1 接 10 号模块 TH7(I - Out),观测 I 路调制波形,参考波形见图 2.8.3。

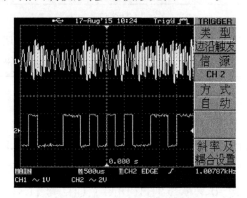

**图 2.8.3　I 路调制波形图**

图 2.8.3 中,1 通道为 10 号模块 TH7(I - Out),2 通道为 10 号模块 NRZ - I,此时 TH7(I - Out)是由 NRZ - I 数据经成形处理再与 256K 载波相乘后得到,可见调制输出信号中载波幅度有变化。

c. 选择主菜单"16QAM 调制及解调""Q 路调制信号观测",此时 10 号模块 TH7(I - Out)为 Q 路成形信号经 256 kHz 载波相乘后输出的调制波形。示波器探头 CH1 接 10 号模块 TH7(I - Out),观测 Q 路调制波形。

d. 选择主菜单"16QAM 调制及解调""软调制及解调",此时 10 号模块 TH7(I - Out)为 I、Q 两路调制信号叠加后输出的 16QAM 调制波形。示波器探头 CH1 接 10 号模块 TH7(I - Out),观测 16QAM 调制波形,参考波形见图 2.8.4。

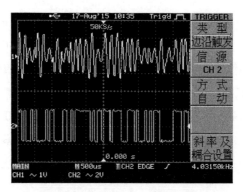

图 2.8.4　16QAM 调制波形图

图 2.8.4 中,1 通道为 10 号模块 TH7(I－Out),2 通道为 10 号模块 DIN1,此时 TH7(I－Out)是由 DIN1 数据经 16QAM 调制得到,可见调制输出信号中载波幅度有变化。

(2)任务二　16QAM 相干解调

**概述**:本项目是对比观测 16QAM 解调信号和原始基带信号的波形,了解 16QAM 相干解调的实现方法。

① 模块关电,保持任务一中的连线不变,继续按表 2.8.2 所示连线。

表 2.8.2　实验连线表

| 源端口 | 目的端口 | 连线说明 |
|---|---|---|
| 模块 10:TH7(I－Out) | 模块 11:TH2(AD 输入 1) | 已调信号送入解调端 |
| 模块 10:TH9(Q－Out) | 模块 11:TH3(AD 输入 2) | 提供载波 |

② 模块开电,设置主控菜单,选择"主菜单"→"移动通信"→"16QAM 调制及解调"→"软调制及解调"。

③ 此时系统初始状态:PN 序列输出频率 16 kHz,载频 256 kHz。

④ 实验操作及波形观测。

a. 示波器探头 CH1 接 10 号模块 TH3(DIN1),CH2 接 11 号模块 TH4(Dout),对比观测原始基带信号和解调输出信号的波形,参考波形见图 2.8.5 和图 2.8.6。

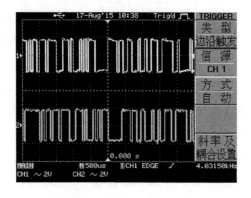

图 2.8.5　原始基带信号和解调输出的信号波形图

图 2.8.5 中,1 通道为 10 号模块 TH3(DIN1),2 通道为 11 号模块 TH4(Dout),此时解调输出的信号无误码。

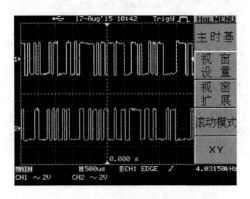

**图 2.8.6 有误码情况下的输出波形图**

图 2.8.6 中,此时解调输出有误码,可通过 11 号模块的复位按键 S3 来切换 16QAM 解调端的载波相位,若解调载波与调制载波的相位有偏差时,则出现误码。

b. 示波器探头 CH1 接 10 号模块 TH1(BSIN),CH2 接 11 号模块 TH5(BS - Out),对比观测原始时钟信号和解调恢复时钟信号的波形。

c. 示波器探头 CH1 接 11 号模块 TP9(DA 输出 2),CH2 接 11 号模块 TP10(DA 输出 3),观测恢复的 I 路成形信号与 Q 路成形信号的波形。调节示波器为 XY 模式,观测恢复后 IQ 相位星座图。此时 11 号模块的"复位开关"按键能将解调载波与调制载波相位关系设置成两种不同状态:一种是与载波同频同相的状态,另一种是与载波相位有一定偏差的状态。通过按键切换这两种状态,再对比观测恢复端的星座图变化情况,并对比观测恢复信号和原始信号的码型等,参考波形见图 2.8.7 和图 2.8.8。

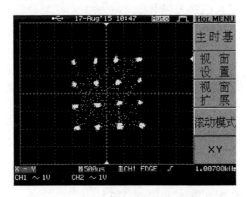

**图 2.8.7 无误码情况下的星座图**

图 2.8.7 中,1 通道为 10 号模块 TP9(DA 输出 2),2 通道为 11 号模块 TP10(DA 输出 3),示波器为 XY 模式,打开余辉,此时星座图与调制端基本一致,解调输出则无误码。

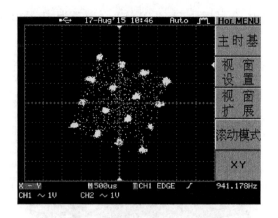

**图 2.8.8  有误码情况下的星座图**

图 2.8.8 中,1 通道为 10 号模块 TP9(DA 输出 2),2 通道为 11 号模块 TP10(DA 输出 3),示波器为 XY 模式,此时由于载波相位有一些偏差,从而解调输出会有误码。

**【实验报告】**

(1) 分析实验电路的工作原理,简述其工作过程。

(2) 观测并分析实验过程中的实验现象。

# 实验 2.9  64QAM 调制及解调

**【实验目的】**

了解 64QAM 调制解调的原理及特性。

**【实验器材】**

(1) 主控 & 信号源模块、10 号模块、11 号模块      各一块

(2) 双踪示波器      一台

(3) 连接线      若干

**【实验原理】**

(1) 实验原理框图(见图 2.9.1 和图 2.9.2)

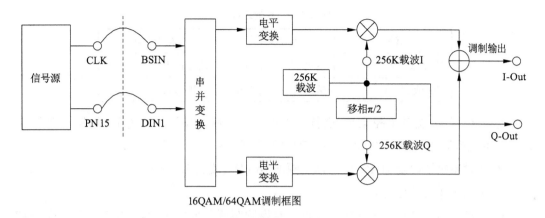

16QAM/64QAM调制框图

**图 2.9.1　64QAM 调制框图**

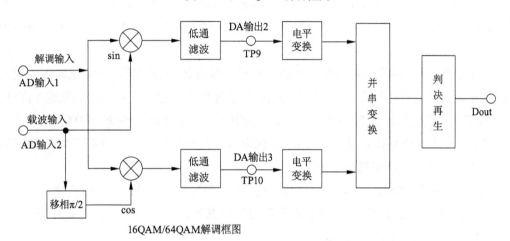

16QAM/64QAM解调框图

**图 2.9.2　64QAM 解调框图**

（2）实验框图说明

系统由 10 号模块进行 64QAM 调制,11 号模块进行 64QAM 解调。建议使用 127 位的 PN 序列看 16QAM 星座图。

【实验步骤】

实验开始前请先阅读首页的"注意事项及基本操作说明"。

（1）任务一　64QAM 调制

**概述:**本项目是观测 64QAM 调制信号的时域或频域波形,了解调制信号产生机理及成形波形的星座图。

① 模块关电,按表 2.9.1 所示连线。

表 2.9.1　实验连线表

| 源端口 | 目的端口 | 连线说明 |
| --- | --- | --- |
| 信号源:PN | 模块 10:TH3(DIN1) | 信号输入 |
| 信号源:CLK | 模块 10:TH1(BSIN) | 时钟输入 |

② 模块开电,设置主控菜单,选择"主菜单"→"移动信"→"64QAM 调制及解调"。再选择主控模块的"功能 1",设置数字信号源,使 PN 输出码型为"PN127"。

③ 此时系统初始状态:PN 序列输出频率 16 kHz,载频 256 kHz。

④ 实验操作及波形观测。

a. 选择主菜单"64QAM 调制及解调""星座图观测",此时 10 号模块 TH7(I - Out)和 TH9(Q - Out)分别为 64QAM 调制中的 I、Q 两路成形信号。示波器探头 CH1 接 10 号模块 TH7(I - Out),CH2 接 10 号模块 TH9(Q - Out),调节示波器为 XY 模式,观察 64QAM 星座图。

注:由于矢量星座图的形成跟 I、Q 两路成形信号有关,也就是说,矢量星座图与输入端 PN 序列的码元情况相关。在实验观察中,如果选择 127 位的 PN 序列作为输入信号,则可以明显看到完整的含有 16 个相位点的星座图;如果选择 15 位的 PN 序列作为输入信号,则星座图中某个相位点缺失。所以,建议设置主控模块的数字信号源 PN 输出码型,选择"PN127"进行星座图观测实验。

b. 选择主菜单"64QAM 调制及解调""I 路调制信号观测",此时 10 号模块 TH7(I - Out)为 I 路成形信号经 256 kHz 载波相乘后输出的调制波形。示波器探头 CH1 接 10 号模块 TH7(I - Out),观测 I 路调制波形。

c. 选择主菜单"64QAM 调制及解调""Q 路调制信号观测",此时 10 号模块 TH7(I - Out)为 Q 路成形信号经 256 kHz 载波相乘后输出的调制波形。示波器探头 CH1 接 10 号模块 TH7(I - Out),观测 Q 路调制波形。

d. 选择主菜单"64QAM 调制及解调""软调制及解调",此时 10 号模块 TH7(I - Out)为 I、Q 两路调制信号叠加后输出的 64QAM 调制波形。示波器探头 CH1 接 10 号模块 TH7(I - Out),观测 64QAM 调制波形(见图 2.9.3)。

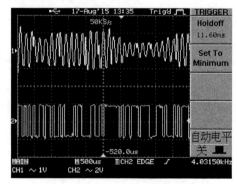

图 2.9.3　64QAM 调制波形图

图 2.9.3 中,1 通道为 10 号模块 TH7(I - Out),2 通道为 10 号模块 DIN1,此时 TH7(I - Out)是由 DIN1 数据经 64QAM 调制得到,可见调制输出信号中的载波幅度有变化。

(2) 任务二　64QAM 相干解调

**概述**:本项目是对比观测 64QAM 解调信号和原始基带信号的波形,了解 64QAM 相干解调的实现方法。

① 模块关电,保持任务一中的连线不变,继续按表 2.9.2 所示连线。

表 2.9.2　实验连线表

| 源端口 | 目的端口 | 连线说明 |
| --- | --- | --- |
| 模块 10:TH7(I - Out) | 模块 11:TH2(AD 输入 1) | 已调信号送入解调端 |
| 模块 10:TH9(Q - Out) | 模块 11:TH3(AD 输入 2) | 提供载波 |

② 模块开电,设置主控菜单,选择"主菜单"→"移动通信"→"64QAM 调制及解调"→"软调制及解调"。

③ 此时系统初始状态:PN 序列输出频率 16 kHz,载频 256 kHz。

④ 实验操作及波形观测。

a. 示波器探头 CH1 接 10 号模块 TH3(DIN1),CH2 接 11 号模块 TH4(Dout),对比观测原始基带信号和解调输出信号的波形。参考实验 2.8,分两种情况观察。

b. 示波器探头 CH1 接 10 号模块 TH1(BSIN),CH2 接 11 号模块 TH5(BS - Out),对比观测原始时钟信号和解调恢复时钟信号的波形。

c. 示波器探头 CH1 接 11 号模块 TP9(DA 输出 2),CH2 接 11 号模块 TP10(DA 输出 3),观测恢复的 I 路成形信号与 Q 路成形信号的波形。调节示波器为 XY 模式,观测恢复后 IQ 相位星座图。此时 11 号模块的"复位开关"按键能将解调载波与调制载波相位关系设置两种不同状态:一种是与载波同频同相状态;另一种是与载波相位有一定偏差状态。通过按键切换这两种状态,再对比观测恢复端的星座图变化情况,并对比观测恢复信号和原始信号的码型等。

## 【实验报告】

(1) 分析实验电路的工作原理,简述其工作过程。

(2) 观测并分析实验过程中的实验现象。

# 第 3 章

# 扩频技术

## 实验 3.1　m 序列产生及特性分析

【实验目的】

了解 m 序列的特性及产生。

【实验器材】

| | |
|---|---|
| (1) 主控 & 信号源模块、14 号模块 | 各一块 |
| (2) 双踪示波器 | 一台 |
| (3) 连接线 | 若干 |

【实验原理】

(1) 14 号模块的框图(见图 3.1.1)。

(2) 14 号模块框图说明(m 序列)。

该模块提供了四路 m 序列,m 序列由模块 FPGA 产生,测试点分别为 PN1、PN2、PN3、PN4,可通过拨码开关 S1、S2、S3、S4 选择不同的 m 序列码型。实验中可以观察 PN 序列和 Walsh 序列的合成波形,即序列一和序列二之间的相关特性。为方便序列特性观测,这里可将 Walsh 序列码型固定为某一种,即开关 S1 和 S4 保持不变。

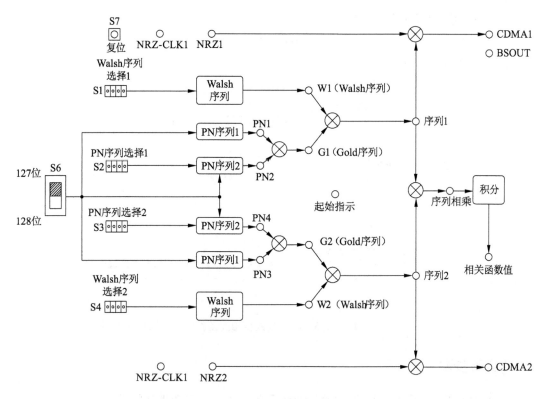

**图 3.1.1　14 号模块框图**

（3）实验框图（见图 3.1.2）

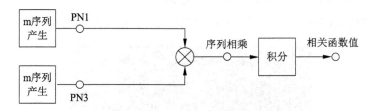

**图 3.1.2　m 序列相关性实验框图**

（4）实验框图说明

m 序列的自相关函数（见图 3.1.3）为

$$R(\tau) = A - D$$

式中，$A$ 为对应位码元相同的数目；$D$ 为对应位码元不同的数目。

自相关系数为

$$\rho(\tau) = \frac{A - D}{P} = \frac{A - D}{A + D}$$

对于 m 序列，其码长为 $P = 2^n - 1$，在这里 $P$ 也等于码序列中的码元数，即"0"和"1"个数的总和。其中"0"的个数因为去掉移位寄存器的全"0"状态，所以 $A$ 值为

$$A = 2^{n-1} - 1$$

"1"的个数(即不同位)$D$ 为

$$D = 2^{n-1}$$

m 序列的自相关系数为

$$\rho(\tau) = \begin{cases} 1 & \tau = 0 \\ -\dfrac{1}{p} & \tau \neq 0, \tau = 1, 2, \cdots, p-1 \end{cases}$$

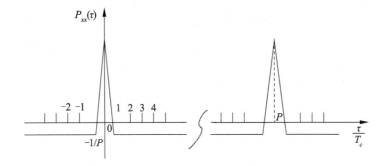

图 3.1.3　m 序列的自相关函数

## 【实验步骤】

(1) 模块开电,设置主菜单,选择"移动通信"→"m 序列产生及特性"。

(2) 将 14 号模块的拨码开关 S1、S2、S3、S4 全拨为"0000"。将开关 S6 拨至"127 位",设置 PN 序列长度为 127 位。按复位开关 S7。

(3) 观测测试点 PN1 或 PN3,了解 m 序列波形,参考波形见图 3.1.4。

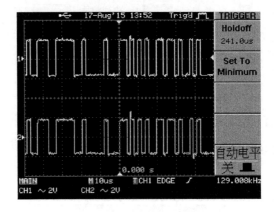

图 3.1.4　m 序列波形图

图 3.1.4 中,1 通道为 PN1,2 通道为 PN3。

（4）观测 TH9（相关函数值）测试点，了解 m 序列自相关特性，参考波形见图 3.1.5。

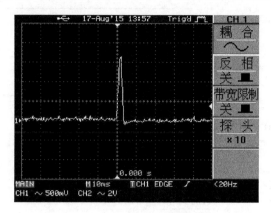

**图 3.1.5　m 序列自相关图**

图 3.1.5 中，1 通道为 TH9（相关函数值）。

## 【实验报告】

（1）分析实验电路的工作原理，简述其工作过程。

（2）观测并分析实验过程中的实验现象。

# 实验 3.2　Gold 序列产生及特性分析

## 【实验目的】

了解 Gold 序列的特性及其产生。

## 【实验器材】

| | |
|---|---|
| （1）主控 & 信号源模块、14 号模块 | 各一块 |
| （2）双踪示波器 | 一台 |
| （3）连接线 | 若干 |

## 【实验原理】

（1）14 号模块的框图（见图 3.2.1）

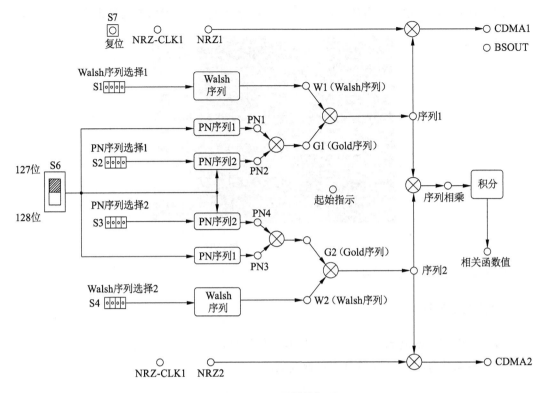

**图 3.2.1　14 号模块框图**

（2）14 号模块框图说明（Gold 序列）

该模块（见图 3.2.1）提供了两路 Gold 序列，Gold 序列由模块 FPGA 将两路 PN 序列复合得到，测试点分别为 G1（Gold 序列）和 G2（Gold 序列），可通过拨码开关 S1、S2、S3、S4 选择不同的 m 序列码型来控制 Gold 序列输出。实验中可以观察 PN 序列和 Walsh 序列的合成波形，即序列一和序列二之间的相关特性。为方便 Gold 序列特性观测，这里可将 Walsh 序列码型固定为某一种，即开关 S1 和 S4 保持不变。

（3）实验框图（见图 3.2.2）

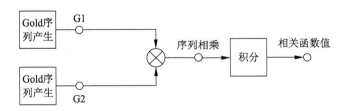

**图 3.2.2　Gold 序列相关特性实验框图**

（4）实验框图说明

虽然 m 序列有优良的自相关特性，但是使用 m 序列作 CDMA（码分多址）通信的地址码时，其主要问题是由 m 序列组成的互相关特性好的互为优选的序列集很少，对于多址应用来说，可用的地址数太少。而 Gold 序列具有良好的自、互相关特性，且地址数远远大于 m 序列的地址数,结构简单,易于实现,在工程上得到了广泛的应用。

Gold 序列是 m 序列的复合码,它是由两个码长相等、码时钟速率相同的 m 序列优选对模二和构成的。其中 m 序列优选对是指在 m 序列集中,其互相关函数最大值的绝对值最接近或达到互相关值下限(最小值)的一对 m 序列。

**【实验步骤】**

(1) 模块开电,设置主菜单,选择"移动通信"→"Gold 序列产生及特性"。

(2) 将 14 号模块的拨码开关 S1、S4 全拨为"0000"。将开关 S6 拨至"127 位",设置 PN 序列长度为 127 位。

(3) 设置 S2 为 0001,使 G1 输出一种 Gold 序列。设置 S3 为 0001,使 G2 输出 Gold 序列与 G1 相同。按复位开关 S7。

(4) 观测 TH9(相关函数值)测试点,了解 GOLD 序列自相关特性,结果参考图 3.2.3。

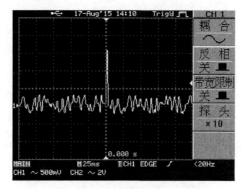

**图 3.2.3　Gold 序列自相关图**

(5) 设置 S2 为 0001,使 G1 输出一种 Gold 序列。设置 S3 为 0010,使 G2 输出 Gold 序列与 G1 不相同。按复位开关 S7。

(6) 观测 TH9(相关函数值)测试点,了解 GOLD 序列互相关特性,结果参考图 3.2.4。

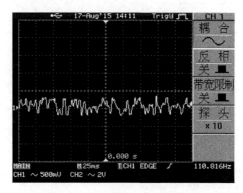

**图 3.2.4　GOLD 序列互相关图**

## 【实验报告】

（1）分析实验电路的工作原理，简述其工作过程。

（2）观测并分析实验过程中的实验现象。

# 实验 3.3　Walsh 序列产生及特性分析

## 【实验目的】

了解 Walsh 序列的特性及其产生。

## 【实验器材】

（1）主控 & 信号源模块、14 号模块　　　　　　　　　　　　　　　　各一块

（2）双踪示波器　　　　　　　　　　　　　　　　　　　　　　　　　一台

（3）连接线　　　　　　　　　　　　　　　　　　　　　　　　　　　若干

## 【实验原理】

（1）14 号模块框图（见图 3.3.1）

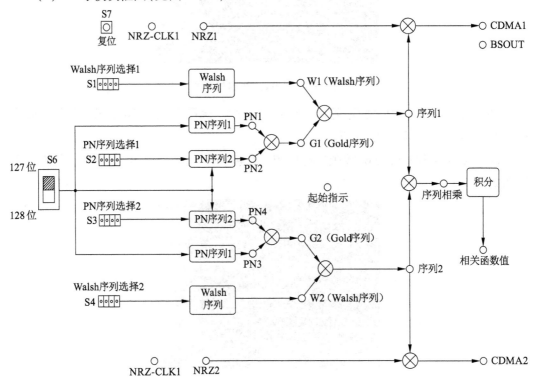

**图 3.3.1　14 号模块框图**

（2）14 号模块框图说明（Walsh 序列）

Walsh 序列由模块 FPGA 产生，该模块提供了两路 Walsh 序列，分别可通过拨码开关 S1 和 S4 选择码型，测试点分别为 W1（Walsh 序列）和 W2（Walsh 序列）。实验中可以观察 Walsh 序列和 PN 序列的合成波形，即序列一和序列二之间的相关特性。

【实验步骤】

（1）模块开电，设置主菜单，选择"移动通信"→"Walsh 序列产生及特性"。

（2）将 14 号模块的拨码开关 S2、S3 全拨为"0000"，使 G1 和 G2 一致。

（3）设置 S1 为 0001，使 W1 输出一种 Walsh 序列。设置 S4 为 0001，使 W2 输出的 Walsh 序列与 W1 相同。按复位开关 S7。参考波形见图 3.3.2。

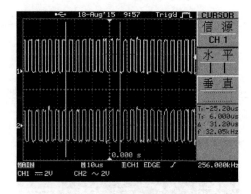

**图 3.3.2　相同 Walsh 序列图**

图 3.3.2 中，1 通道为 W1，此时开关 S1 为 0001；2 通道为 W2，此时开关 S4 为 0001。

注：16 位的 Walsh 序列共 16 种，可通过拨码开关 S1（或 S4）选择不同 Walsh 码输出。

（4）观测 TH9（相关函数值）测试点，了解 Walsh 与 Gold 序列经模 2 加合成后的序列自相关特性，参考波形见图 3.3.3。

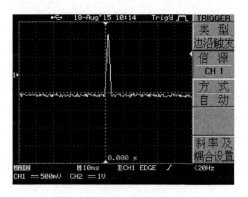

**图 3.3.3　序列自相关图**

图 3.3.1 中，1 通道为 TH9（相关函数值）。

（5）设置 S1 为 0001，使 G1 输出一种 Walsh 序列。设置 S4 为 0010，使 W2 输出的

Walsh 序列与 W1 不相同。按复位开关 S7,参考波形见图 3.3.4。

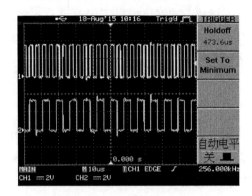

**图 3.3.4　不同 Walsh 序列图**

图 3.3.4 中,1 通道为 W1,此时开关 S1 为 0001;2 通道为 W2,此时开关 S4 为 0010。

注:16 位的 Walsh 序列共 16 种,可通过拨码开关 S1(或 S4)选择不同的 Walsh 码输出。

(6) 观测 TH9(相关函数值)测试点,了解 Walsh 与 Gold 序列经模 2 加合成后的序列互相关特性。参考波形见图 3.3.5。

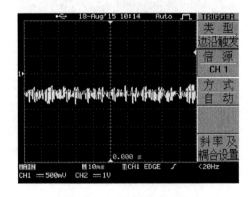

**图 3.3.5　序列互相关图**

【实验报告】

(1) 分析实验电路的工作原理,简述其工作过程。
(2) 观测并分析实验过程中的实验现象。

# 实验 3.4　直接序列扩频

【实验目的】

(1) 了解直接序列扩频原理和方法。

（2）了解扩频前后信号在时域及频域上的变化。

## 【实验器材】

（1）主控 & 信号源模块、10 号模块、14 号模块　　　　　　　　　各一块
（2）双踪示波器　　　　　　　　　　　　　　　　　　　　　　　一台
（3）连接线　　　　　　　　　　　　　　　　　　　　　　　　　若干

## 【实验原理】

（1）实验原理框图（见图 3.4.1 和图 3.4.2）

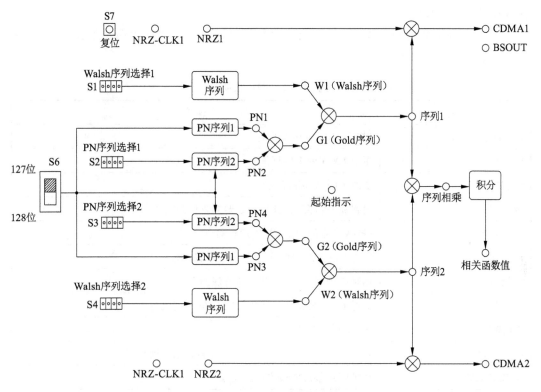

**图 3.4.1　14 号模块框图**

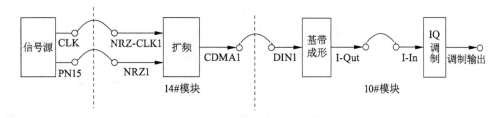

**图 3.4.2　直接序列扩频实验框图**

（2）实验 14 模块框图说明（见表 3.4.1）

信号源 PN 序列经过 14 号模块扩频处理，再加到 10 号模块的调制端，形成扩频调制

信号发送出去。其中,从 14 号模块可以看到扩频码可以通过拨码开关设置为 Walsh 序列、m 序列和 Gold 序列。

① PN 序列 &Walsh 序列的产生。由 ATLERA 的 FPGA 产生固定的 PN 序列和可调的 Walsh 序列。其中,PN 序列有 127 位和 128 位可选。Walsh 序列长度为 16 位。

② 不同 PN 序列 &Walsh 序列的选取。通过设置不同的初始状态,可以得到不同偏移位置的 PN 序列。通过拨码开关更改 Walsh 序列。

③ Gold 序列的产生。由两路 PN 序列模 2 相加可得 Gold 序列并观测。

④ Walsh 序列与 Gold 序列的合成。可得到最终的复合扩频调制序列并观测。

⑤ 扩频调制输出。通过产生最终复合扩频调制序列对输入的 NRZ 信号进行扩频调制,输出最终 CDMA 信号。

⑥ 相关函数的观测。两路不同的最终复合扩频调制序列进行相乘并积分,可得到两者相关函数值供实验观测。

表 3.4.1　模块说明

| 名称 | 说明 |
|---|---|
| PN 序列长度设置 | 127 位/128 位切换开关 |
| S2、S3 | 更改 PN 序列 1 偏移量 |
| S1、S4 | 更改不同 Walsh 序列 |
| 复位 | 设置完 PN 序列偏移后一定要此复位开关 |
| PN1、PN3 | FPGA 产生的固定 PN 序列观测点 |
| PN2、PN4 | 通过 S2、S3 改变偏移后的 PN 序列观测点 |
| 起始指示 | 用来指示 PN 序列的起始位置观测点 |
| G1、G2 | 通过 PN 序列模 2 相加所得的 Gold 序列观测点 |
| W1、W2 | Walsh 序列观测点 |
| 序列 1、序列 2 | Walsh 序列与 Gold 序列合成的复合扩频序列观测点 |
| NRZ1、NRZ2 | 待扩频的非归零码信号输入点 |
| NRZ – CLK1、NRZ – CLK2 | 待扩频的非归零码信号时钟输入点 |
| CDMA1、CDMA2 | 扩频调制后的 CDMA 信号输出点 |
| BSOUT | 扩频调制后的 CDMA1 信号的位同步时钟信号输出点 |
| 序列相乘 | 序列 1 与序列 2 相乘后的信号观测点 |
| 相关函数值 | 序列 1 与序列 2 相乘后经过积分得到的相关性函数观测点 |
| S5 | 模块总开关 |

【实验步骤】

(1) 模块关电,按表 3.4.2 所示连线。

**表 3.4.2　实验连线图**

| 源端口 | 目标端口 | 连线说明 |
|---|---|---|
| 信号源:PN | 模块 14:TH3(NRZ1) | 数据送入扩频单元 |
| 信号源:CLK | 模块 14:TH1(NRZ – CLK1) | 时钟送入扩频单元 |
| 模块 14:TH4(CDMA1) | 模块 10:TH3(DIN1) | 扩频后加调制 |
| 模块 10:TH7(I – Out) | 模块 10:TH6(I – In) | I 路成形信号加载频 |

（2）模块开电,设置主菜单,选择"移动通信"→"直接序列扩频"。再根据实验框图（见图 3.4.2）说明,分别设置不同的扩频码,并按复位键 S7 进行确认。

（3）此时系统初始状态:PN 序列输出频率 16 kHz,载频 10.7 MHz。

（4）实验操作及波形观测。

a. 对比观测 NRZ1 和 CDMA1,从时域和频域上观测扩频前后波形变化情况,参考波形见图 3.4.3。

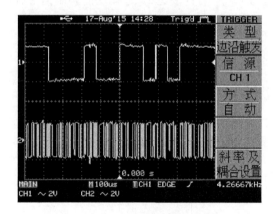

**图 3.4.3　扩频前后的波形图**

图 3.4.3 中,1 通道为 NRZ1,2 通道为 CDMA1。

b. 观测"调制输出",对比扩频前后调制信号变化情况,参考图 3.4.4 和图 3.4.5。

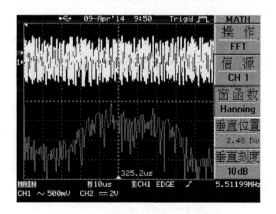

**图 3.4.4　扩频前后调制信号变化图**

图 3.4.4 中,1 通道为 PN 序列经 CDMA 扩频后再送 10 号模块的调制信号,M 通道为其对应的频域波形。

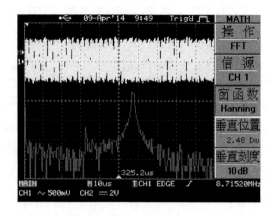

**图 3.4.5　频域波形图**

图 3.4.5 中,1 通道为 PN 序列直接送 10 号模块的调制信号,M 通道为其对应的频域波形。

## 【实验报告】

观测并分析实验过程中的实验现象。

# 实验 3.5　直接序列解扩

## 【实验目的】

(1) 了解直接序列解扩原理和方法。

(2) 观察解扩时本地扩频码与扩频时扩频码的同步情况。

(3) 观察已调信号在解扩前后的频域变化情况。

## 【实验器材】

(1) 主控 & 信号源模块、10 号模块、14 号模块、15 号模块　　　　　　　各一块

(2) 双踪示波器　　　　　　　　　　　　　　　　　　　　　　　　　　　一台

(3) 连接线　　　　　　　　　　　　　　　　　　　　　　　　　　　　若干

## 【实验原理】

(1) 扩频实验原理框图(见图 3.5.1)

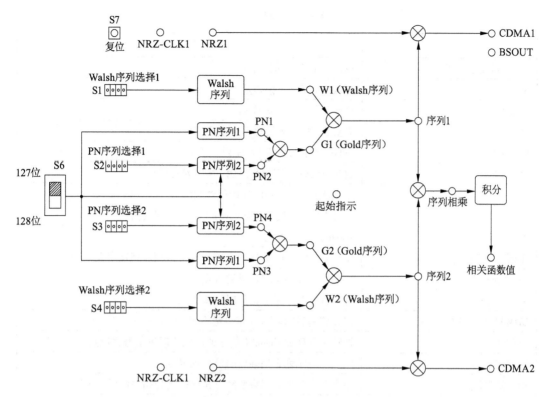

**图 3.5.1  14 号模块框图**

（2）14 号模块框图说明（见表 3.5.1）

信号源 PN 序列经过 14 号模块扩频处理,再加到 10 号模块的调制端,形成扩频调制信号发送出去。其中,从 14 号模块可以看到扩频码可以通过拨码开关设置为 Walsh 序列、m 序列和 Gold 序列。

① PN 序列 &Walsh 序列的产生。由 ALTERA 的 FPGA 产生固定的 PN 序列和可调的 Walsh 序列。其中,PN 序列有 127 位和 128 位可选。Walsh 序列长度为 16 位。

② 不同 PN 序列 &Walsh 序列的选取。通过设置不同的初始状态,可以得到不同偏移位置的 PN 序列。通过拨码开关更改 Walsh 序列。

③ Gold 序列的产生。由两路 PN 序列模 2 相加可得 Gold 序列并观测。

④ Walsh 序列与 Gold 序列的合成。可得到最终的复合扩频调制序列并观测。

⑤ 扩频调制输出。通过产生最终复合扩频调制序列对输入的 NRZ 信号进行扩频调制,输出最终 CDMA 信号。

⑥ 相关函数的观测。两路不同的最终复合扩频调制序列相乘并积分,可得到两者相关函数值供实验观测。

表 3.5.1　模块说明

| 名称 | 说明 |
| --- | --- |
| PN 序列长度设置 | 127 位/128 位切换开关 |
| S2、S3 | 更改 PN 序列 1 偏移量 |
| S1、S4 | 更改不同的 Walsh 序列 |
| 复位 | 设置完 PN 序列偏移后一定要复位此开关 |
| PN1、PN3 | FPGA 产生的固定 PN 序列观测点 |
| PN2、PN4 | 通过 S2、S3 改变偏移后的 PN 序列观测点 |
| 起始指示 | 用来指示 PN 序列的起始位置观测点 |
| G1、G2 | 通过 PN 序列模 2 相加所得的 Gold 序列观测点 |
| W1、W2 | Walsh 序列观测点 |
| 序列 1、序列 2 | Walsh 序列与 Gold 序列合成的复合扩频序列观测点 |
| NRZ1、NRZ2 | 待扩频的非归零码信号输入点 |
| NRZ – CLK1、NRZ – CLK2 | 待扩频的非归零码信号时钟输入点 |
| CDMA1、CDMA2 | 扩频调制后的 CDMA 信号输出点 |
| BSOUT | 扩频调制后的 CDMA1 信号的位同步时钟信号输出点 |
| 序列相乘 | 序列 1 与序列 2 相乘后的信号观测点 |
| 相关函数值 | 序列 1 与序列 2 相乘后经过积分得到的相关性函数观测点 |
| S5 | 模块总开关 |

（3）15 号模块框图（见图 3.5.2）

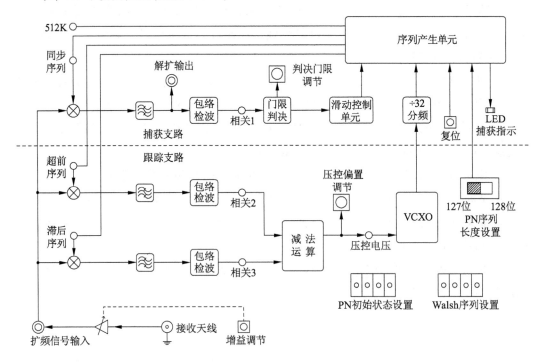

图 3.5.2　15 号模块框图

（4）解扩实验框图说明

CDMA 接收模块用于扩频通信系统的接收端。处于接收部分的最前端，其解扩的信号会送到解调模块进行解调。CDMA 接收模块主要是解决两个问题：第一是序列的同步问题。由于扩频序列的自相关性，当序列在非同步情况下是无法获取有用信息的。第二是时钟同步问题。由于接收端产生解扩序列的时钟与发送端是非同步的，因此当序列同步的，如果时钟不同步，序列会逐渐产生偏差，最终失步。只有序列和时钟都达到同步，才能完成解扩。

① 模块包含如下 4 大功能：

a. 捕获支路：用来捕获扩频序列，达到序列同步的状态。

b. 跟踪支路：用来进行时钟同步。

c. 序列产生单元：产生解扩序列，序列产生可受滑动控制单元控制，是序列相位滑动。

d. 滑动控制单元：产生序列的滑动控制脉冲信号。该脉冲信号由前面的门限判决信号控制，当门限判决输出为高时，说明序列已经捕获，滑动控制单元停止产生滑动控制脉冲信号；当门限判决输出为低时，说明序列未捕获，滑动控制单元产生滑动控制脉冲信号。

② 模块端口名称、可调参数及说明如表 3.5.2 所述。

表 3.5.2　模块说明

| 模块 | 端口名称 | 端口说明 |
|---|---|---|
| 捕获支路 | 同步序列 | 输出解扩序列 |
| | 解扩输出 | 输出解扩信号，是 BPSK 的数字调制信号 |
| | 相关 1 | 同步序列与扩频信号相关计算输出 |
| | 512K | 解扩序列的时钟信号 |
| 跟踪支路 | 接收天线 | 解扩天线接收端口 |
| | 扩频信号输入 | 解扩同轴电缆输入端口 |
| | 超前序列 | 与同步序列相比相位超前 1/2 码元 |
| | 滞后序列 | 与同步序列相比相位滞后 1/2 码元 |
| | 相关 2 | 超前序列与扩频信号相关计算输出 |
| | 相关 3 | 滞后序列与扩频信号相关计算输出 |
| | 压控电压 | 控制压控晶振频率变化的信号 |

a. 增益调节：调节天线接收小信号放大的增益。

b. 判决门限调节：调节相关峰的判决门限（由于接收信号幅度不同，相关峰的幅值也有所不同）。

c. 压控偏置调节：调节压控晶振的中心频率。

d. PN 序列长度设置：设置 PN 序列长度为 127 或 128 位。

e. PN 初始状态设置:设置 PN 序列初始状态。

(5) 直接序列解扩实验原理框图(见图 3.5.3)

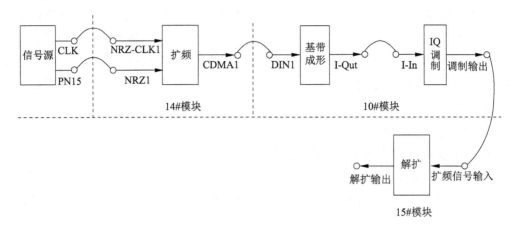

**图 3.5.3　直接序列解扩实验原理框图**

## 【实验步骤】

(1) 模块关电,按表 3.5.3 所示连线。

**表 3.5.3　实验连线表**

| 源端口 | 目标端口 | 连线说明 |
| --- | --- | --- |
| 信号源:PN | 模块 14:TH3(NRZ1) | 数据送入扩频单元 |
| 信号源:CLK | 模块 14:TH1(NRZ - CLK1) | 时钟送入扩频单元 |
| 模块 14:TH4(CDMA1) | 模块 10:TH3(DIN1) | 扩频后加调制 |
| 模块 10:TH7(I - Out) | 模块 10:TH6(I - In) | I 路成形信号加载频 |
| 模块 10:P1(调制输出) | 模块 15:J4(扩频信号输入) | 送入解扩单元 |

(2) 模块开电,设置主菜单,选择"移动通信"→"直接序列扩频及解扩"。

(3) 此时系统初始状态:PN 序列输出频率 16 kHz,载频 10.7 MHz。

(4) 实验操作及波形观测。

① 根据实验框图说明,设置拨码开关,使扩频端的扩频码与解扩端的扩频码一致,并按复位键确认;调节 15 号模块的判决门限调节旋钮 W2,观察捕获指示灯的亮灭变化情况。当与扩频码同步时,指示灯应由灭变为亮。

② 根据实验原理中的测试点说明,调节 W2,观察各点在捕获过程中的变化情况。

## 【实验报告】

观测并分析实验过程中的实验现象。

# 第 **4** 章

# 信源编码技术

## 实验 4.1　AMBE 语音压缩

### 【实验目的】

（1）了解 AMBE2000 语音压缩。
（2）了解模数转换、数模转换过程。

### 【实验器材】

| | |
|---|---|
| （1）主控 & 信号源模块、12 号模块 | 各一块 |
| （2）双踪示波器 | 一台 |
| （3）连接线 | 若干 |

### 【实验原理】

（1）实验原理框图（见图 4.1.1）

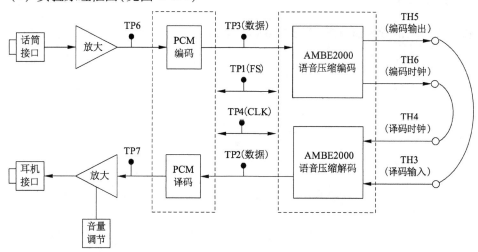

**图 4.1.1　AMBE2000 语音压缩编码及解码实验框图**

（2）实验框图说明

AMBE2000 是一种高性能、低功耗的单片实时语音压缩解压芯片,可通过控制字改变压缩数据率,并具有前向纠错、语音激活检测和 DTMF 信号检测功能,运用广泛。从框图 4.1.1 中可以看到,AMBE 语音压缩模块中,话筒接口的音频信号经过放大电路处理,然后进行 PCM 编码,再经过 AMBE2000 语音压缩后,由 TH5 输出编码信号和 TH6 输出同步时钟。编码信号和编码时钟分别送入译码单元的数据和时钟输入端口,经过 AM-BE2000 语音解压缩处理,再进行 PCM 译码,还原输出原始信号,由耳机接口输出。

【实验步骤】

概述:通过观测实验相关步骤,了解 AMBE2000 的语音编码及解码过程。

（1）模块关电,按表 4.1.1 所示连线。

表 4.1.1　实验连线图

| 源端口 | 目的端口 | 连线说明 |
| --- | --- | --- |
| 模块 12:TH6(编码时钟) | 模块 12:TH4(译码时钟) | 提供时钟信号 |
| 模块 12:TH5(编码输出) | 模块 12:TH3(译码输入) | 将编码信号送入译码单元 |

（2）将耳麦的话筒和耳机插头分别接入至 12 号模块的话筒接口和耳机接口。

（3）模块开电,按 12 号模块的复位键 S1,感受通话效果。

（4）有兴趣的同学可以用示波器观测编码输出的波形,分析帧结构。

注:AMBE 语音压缩率非常高,输入信号为语音时,输出语音的质量比较高,人耳分辨出的失真度很小;输入信号为音频(如王菲的音乐)时,由于高频细节的丢失,输出语音的质量明显较差,人耳很容易分辨出已经失真。

【实验报告】

感受 AMBE 语音传输效果,或分析编码帧结构。

# 第 5 章

# 移动信道模拟(选做)

## 实验 5.1　白噪声信道模拟(选做)

### 【实验目的】

(1) 了解白噪声产生的原因。

(2) 了解白噪声信道干扰对传输的影响和调制解调系统本身的传输性能。

### 【实验器材】

(1) 主控 & 信号源、10 号模块、11 号模块、17 号模块　　　　　　　　　各一块

(2) 双踪示波器　　　　　　　　　　　　　　　　　　　　　　　　　　　一台

(3) 连接线　　　　　　　　　　　　　　　　　　　　　　　　　　　　　若干

### 【实验原理】

(1) 实验原理框图(见图 5.1.1)

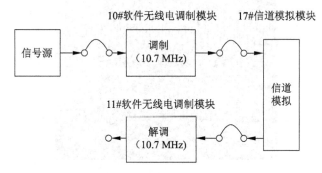

**图 5.1.1　信道模拟框图**

注:图中连线有所省略,具体参考实验步骤的内容。

(2) 实验原理框图

本实验是将信道模拟单元加入调制解调系统,观测干扰对信号传输的影响。

（3）白噪声的基本原理

白噪声（white noise）是指功率谱密度在整个频域内均匀分布的噪声。所有频率具有相同能量密度的随机噪声称为白噪声。

【实验步骤】

（1）模块关电，按表5.1.1所示连线。

表5.1.1　实验连线表

| 源端口 | 目的端口 | 连线说明 |
|---|---|---|
| 信号源:CLK | 模块10:TH3(DIN1) | 送入调制单元 |
| 信号源:PN | 模块10:TH1(BSIN) | 送入调制端用于差分编码 |
| 模块10:TH7(I－Out) | 模块10:TH6(I－In) | I路成形信号送入调制 |
| 模块10:TH9(Q－Out) | 模块10:TH8(Q－In) | Q路成形信号送入调制 |
| 模块10:P1(调制输出) | 模块17:TP2(移动信道输入) | 将调制信号送入信道模拟 |
| 模块17:TP1(移动信道输出) | 模块11:P1(解调输入) | 将调制信号送入解调单元 |

（2）模块开电，设置主控菜单，选择"主菜单"→"移动通信"→"白噪声信道模拟"。

（3）此时系统初始状态:编码输入16K的PN序列，经10号模块MSK调制，17号模块为白噪声信道模拟，11号模块为MSK解调。

（4）实验操作及波形观测。

① 用示波器分别接17号模块的TP2(移动信道输入)和TP1(移动信道输出)，对比观测调制信号和经过白噪声信道后的波形，了解白噪声对调制信号的影响，参考图5.1.2。

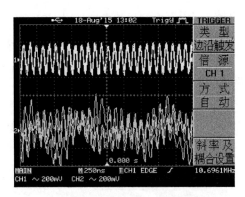

图5.1.2　调制信号和经过白噪声信道后的波形图

图5.1.2中，1通道为17号模块的TP2(移动信道输入)，2通道为17号模块的TP1（移动信道输出）。从图中可以看出，调制信号受白噪声信道影响，其波形幅度是抖动的。

② 用示波器分别接信号源PN序列和11号模块TH4(Dout)，对比观测原始信号和解

调恢复信号的码型是否一致,看看此时 17 号模块产生的白噪声是否能影响解调恢复,从而了解调制解调系统本身的性能,参考图 5.1.3。

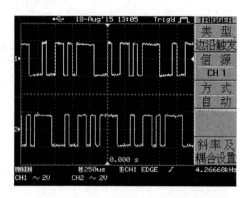

**图 5.1.3　原始信号和解调恢复信号的码型图**

图 5.1.3 中,1 通道为信号源 PN 序列,2 通道为 11 号模块 TH4(Dout)。

注:此时 17 号模块提供的白噪声影响较小,系统噪声容限相对较大,实验中应有无误码并解调恢复出原始数据。

**【实验报告】**

(1) 分析实验电路工作原理,简述其工作过程。

(2) 观测并分析实验现象及原因。

# 实验 5.2　快衰落信道模拟及抗噪(选做)

**【实验目的】**

(1) 了解快衰落噪声产生的原因及类型。

(2) 了解快衰落信道干扰对传输的影响。

(3) 了解抗衰落技术的实际应用。

**【实验器材】**

(1) 主控 & 信号源、4 号模块、5 号模块、10 号模块、11 号模块、17 号模块　　各一块

(2) 双踪示波器　　　　　　　　　　　　　　　　　　　　　　　　　　一台

(3) 连接线　　　　　　　　　　　　　　　　　　　　　　　　　　　若干

**【实验原理】**

(1) 实验原理框图(见图 5.2.1 和图 5.2.2)

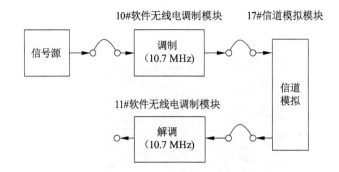

**图 5.2.1　信道模拟框图**

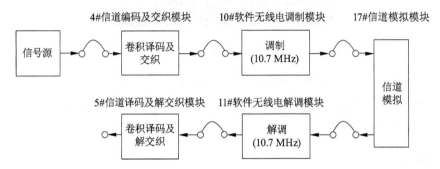

**图 5.2.2　抗噪实验框图**

（2）实验原理框图

本实验是将信道模拟单元加入调制解调系统中，观测干扰对信号传输的影响，并将抗衰落技术融入系统，了解该技术的实际应用。

【实验步骤】

（1）任务一　观测快衰落信道对系统传输的影响

**概述:** 本项目通过观察并对比加载快衰落噪声信道前后系统传输的情况，了解快衰落信道对系统传输的影响以及系统本身的性能。

① 模块关电，先按表 5.2.1 所示连线。

**表 5.2.1　实验连线表**

| 源端口 | 目的端口 | 连线说明 |
|---|---|---|
| 信号源:CLK | 模块 10:TH3（DIN1） | 送入调制单元 |
| 信号源:PN | 模块 10:TH1（BSIN） | 送入调制端用于差分编码 |
| 模块 10:TH7（I－Out） | 模块 10:TH6（I－In） | I 路成形信号送入调制 |
| 模块 10:TH9（Q－Out） | 模块 10:TH8（Q－In） | Q 路成形信号送入调制 |
| 模块 10:P1（调制输出） | 模块 17:TP2（移动信道输入） | 将调制信号送入信道模拟 |
| 模块 17:TP1（移动信道输出） | 模块 11:P1（解调输入） | 将调制信号送入解调单元 |

② 模块开电，设置主控菜单，选择"主菜单"→"移动通信"→"快衰落信道模拟"。

③ 此时系统初始状态：编码输入 16K 的 PN 序列，经 10 号模块 MSK 调制，17 号模块为快衰落信道模拟，11 号模块为 MSK 解调。

④ 实验操作及波形观测。

a. 以 17 号模块 TP3 辅助观测点为触发，用示波器分别接 TP3（辅助观测点）和 TP1（移动信道输出），观测快衰落对调制信号的影响，参考图 5.2.3。

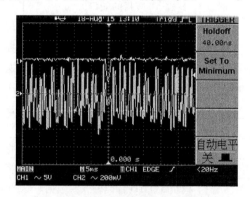

**图 5.2.3　快衰落对调制信号影响图**

图 5.2.3 中，1 通道为 17 号模块的 TP3（辅助观测点），2 通道为 17 号模块的 TP1（移动信道输出）。

b. 用示波器分别接 17 号模块的 TP2（移动信道输入）和 TP1（移动信道输出），对比观测调制信号和经过快衰落信道后的波形，参考图 5.2.4。

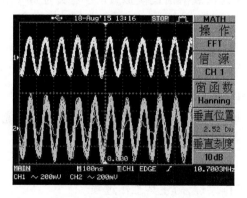

**图 5.2.4　调制信号和经过快衰落信道后的波形图**

图 5.2.4 中，1 通道为 17 号模块的 TP2（移动信道输入），2 通道为 17 号模块的 TP1（移动信道输出）。从图中可以看到，调制信号受快衰落信道的影响，会有瞬时幅度下降。

c. 用示波器分别接信号源 PN 序列和 11 号模块 TH4（Dout），对比观测此时原始信号和解调恢复信号的码型是否一致。

注：此时 17 模块提供的快衰落影响较大，实验中解调恢复出的数据应有一定误码。

（2）任务二　抗噪实验

**概述**：本项目是将信道编码和信道译码融入系统中，观测系统传输恢复情况，从而了解抗噪技术对系统传输的作用。

① 模块关电，按表5.2.2所示连线。

**表5.2.2　实验连线表**

| 源端口 | 目的端口 | 连线说明 |
|---|---|---|
| 信号源：CLK | 模块4：TH1（编码输入－数据） | 将信号送入信道编码 |
| 信号源：PN | 模块4：TH2（编码输入－时钟） | 提供信道编码时钟 |
| 模块4：TH4（编码输出－编码数据） | 模块10：TH3（DIN1） | 送入调制单元 |
| 模块4：TH5（编码输出－时钟） | 模块10：TH1（BSIN） | 送入调制端用于差分编码 |
| 模块10：TH7（I－Out） | 模块10：TH6（I－In） | 将I路成形信号送入调制 |
| 模块10：TH9（Q－Out） | 模块10：TH8（Q－In） | 将Q路成形信号送入调制 |
| 模块10：P1（调制输出） | 模块17：TP2（移动信道输入） | 将调制信号送入信道模拟 |
| 模块17：TP1（移动信道输出） | 模块11：P1（解调输入） | 将调制信号送入解调单元 |
| 模块11：TH4（Dout） | 模块5：TH1（译码输入－数据） | 将解调信号送入信道译码 |
| 模块11：TH5（BS－Out） | 模块5：TH2（译码输入－时钟） | 提供信道译码时钟信号 |

② 模块开电，设置主控菜单，先选择"主菜单"→"移动通信"→"快衰落信道模拟"。再选择信号源模块的"功能1"，即数字信号源，设置PN序列的输出速率为"8 K"。

③ 此时系统初始状态：编码输入8K的PN序列，经4号模块卷积编码及交织，10号模块MSK调制，17号模块为快衰落信道模拟，11号模块为MSK解调，最后是5号模块卷积译码及解交织。

④ 实验操作及波形观测。

用示波器分别接信号源PN序列和5号模块TH3（译码输出－译码数据），对比观测此时原始信号和解调恢复信号的码型是否一致。

注：此时加入抗衰落单元后，可以有效抑制快衰落信道对系统传输的干扰影响。

**【实验报告】**

（1）分析实验电路工作原理，简述其工作过程。

（2）观测并分析实验现象及原因。

# 实验5.3　慢衰落信道模拟（选做）

**【实验目的】**

（1）了解慢衰落噪声产生的原因及类型。

（2）了解慢衰落信道干扰对传输的影响。

## 【实验器材】

（1）主控 & 信号源、10 号模块、11 号模块、17 号模块　　　　　　　　各一块
（2）双踪示波器　　　　　　　　　　　　　　　　　　　　　　　　　　　一台
（3）连接线　　　　　　　　　　　　　　　　　　　　　　　　　　　　　若干

## 【实验原理】

（1）实验原理框图（见图 5.3.1）

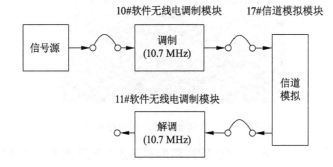

**图 5.3.1　信道模拟框图**

注：图中连线有所省略，具体参考实验步骤的内容。

（2）实验原理框图

本实验是将信道模拟单元加入调制解调系统，观测干扰对信号传输的影响。

## 【实验步骤】

**任务　观测慢衰落信道对系统传输的影响**

**概述：**本项目通过观察并对比加载慢衰落噪声信道前后系统的传输情况，了解慢衰落信道对系统传输的影响以及系统本身的性能。

① 模块关电，按表格 5.3.1 所示连线。

**表 5.3.1　实验连线表**

| 源端口 | 目的端口 | 连线说明 |
| --- | --- | --- |
| 信号源：CLK | 模块 10：TH3（DIN1） | 送入调制单元 |
| 信号源：PN | 模块 10：TH1（BSIN） | 送入调制端用于差分编码 |
| 模块 10：TH7（I－Out） | 模块 10：TH6（I－In） | 将 I 路成形信号送入调制 |
| 模块 10：TH9（Q－Out） | 模块 10：TH8（Q－In） | 将 Q 路成形信号送入调制 |
| 模块 10：P1（调制输出） | 模块 17：TP2（移动信道输入） | 将调制信号送入信道模拟 |
| 模块 17：TP1（移动信道输出） | 模块 11：P1（解调输入） | 将调制信号送入解调单元 |

② 模块开电,设置主控菜单,选择"主菜单"→"移动通信"→"慢衰落信道模拟"。

③ 此时系统初始状态:编码输入 16K 的 PN 序列,经 10 号模块 MSK 调制,17 号模块为慢衰落信道模拟,11 号模块为 MSK 解调。

④ 实验操作及波形观测。

a. 以 17 号模块 TP3 辅助观测点为触发,用示波器分别接 TP3(辅助观测点)和 TP1(移动信道输出),观测慢衰落对调制信号的影响,参考波形如图 5.3.2 所示。

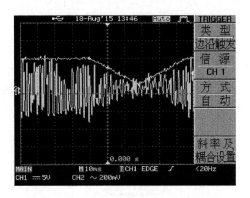

**图 5.3.2 慢衰落对调制信号影响图**

图 5.3.2 中,通道为 17 号模块的 TP3(辅助观测点),2 通道为 17 号模块的 TP1(移动信道输出)。

b. 用示波器分别接 17 号模块的 TP2(移动信道输入)和 TP1(移动信道输出),对比观测调制信号和经过慢衰落信道后的波形,参考波形如图 5.3.3 所示。

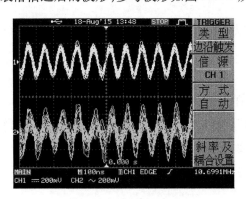

**图 5.3.3 调制信号和经过慢衰落信道后的波形图**

图 5.3.3 中,通道为 17 号模块的 TP2(移动信道输入),2 通道为 17 号模块的 TP1(移动信道输出)。

c. 用示波器分别接信号源 PN 序列和 11 号模块 TH4(Dout),对比观测此时原始信号和解调恢复信号的码型是否一致。

注:此时 17 模块提供的慢衰落影响较大,实验中解调恢复出的数据应有误码。

思考:实际应用中如何克服慢衰落噪声的干扰。

## 【实验报告】

（1）分析实验电路工作原理,简述其工作过程。

（2）观测并分析实验现象及原因。

# 第 6 章

# 通信系统实验

## 实验 6.1  GSM 通信系统

### 【实验目的】

了解 GSM 通信系统架构及特性。

### 【实验器材】

（1）主控 & 信号源模块、4 号模块、5 号模块、10 号模块、11 号模块、12 号模块　各一块
（2）双踪示波器　　　　　　　　　　　　　　　　　　　　　　　　　　　　　一台
（3）连接线　　　　　　　　　　　　　　　　　　　　　　　　　　　　　　　若干

### 【实验原理】

（1）实验原理框图（见图 6.1.1）

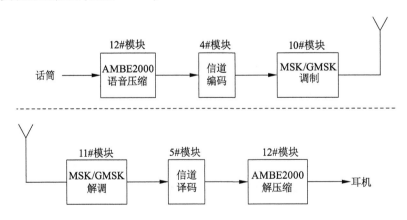

**图 6.1.1　GSM 通信系统实验原理框图**

（2）实验框图说明

GSM 通信系统框图中，发送部分是话筒输出的语音信号经过 12 号模块的 AMBE2000

压缩编码转换为数字信号,再经过 4 号模块进行信道编码,然后通过 10 号模块的 MSK/GMSK 调制电路从天线发送出去。接收部分是天线接收的信号经过 11 号模块的 MSK/GMSK 解调电路,还原出数字信号,然后经过 5 号模块进行信道译码,再通过 12 号模块的 AMBE2000 解压缩功能,将数字信号还原为原始的语音送至耳机输出。为方便系统联调及观测,建议实验前先了解信源编译码和调制解调等实验的相关内容,联调时可先搭建数字信号的有线传输系统进行调节,待系统调通后再通过天线进行模拟信号的无线收发实验。

注意:选择实验菜单"GSM 扩频通信系统实验"后,可以了解各模块输出端的速率值和模块输入端的速率要求。以本实验框图 6.1.1 为例,此时系统初始状态:3 Hz ~ 3.4 kHz 的音频信号,经 12 号 AMBE 语音压缩处理输出 8 kHz 数字信号,经 4 号模块卷积编码处理输出 16 kHz 的信号,上 10.7 MHz 载频调制发射。

【实验步骤】

**概述**:该项目主要是通过自行搭建的 GSM 通信系统,认识和掌握 GSM 通信系统的框架以及相关原理知识点。

(1) 模块关电,按表 6.1.1 所示完成 GSM 通信系统发送端的连线。

在发送端的 12 号模块的话筒接口接入话筒。

表 6.1.1　实验连线图

| 源端口 | 目的端口 | 连线说明 |
|---|---|---|
| 模块 12:TH5(编码输出) | 模块 4:TH1(编码输入 – 数据) | 将压缩信号送入信道编码 |
| 模块 12:TH6(编码时钟) | 模块 4:TH2(编码输入 – 时钟) | 提供信道编码时钟 |
| 模块 4:TH4(编码输出 – 编码数据) | 模块 10:TH3(DIN1) | 送入调制单元 |
| 模块 4:TH5(编码输出 – 时钟) | 模块 10:TH1(BSIN) | 送入调制端用于差分编码 |
| 模块 10:TH7(I – Out) | 模块 10:TH6(I – In) | 将 I 路成形信号送入调制 |
| 模块 10:TH9(Q – Out) | 模块 10:TH8(Q – In) | 将 Q 路成形信号送入调制 |

此时调制信号输出口:10 号模块的 P1(调制输出),以及经过功放后的 P2(发射天线)。

(2) 按表 6.1.2 所示完成 GSM 通信系统的接收端连线。

在接收端的 12 号模块的耳机接口接入耳机。

表 6.1.2　实验连线图

| 源端口 | 目的端口 | 连线说明 |
|---|---|---|
| 模块 10:P1(调制输出) | 模块 11:P1(解调输入) | 将调制信号送入解调单元 |
| 模块 11:TH4(Dout) | 模块 5:TH1(译码输入 – 数据) | 将解调信号送入信道译码 |

| 源端口 | 目的端口 | 连线说明 |
|---|---|---|
| 模块 11:TH5(BS - Out) | 模块 5:TH2(译码输入 - 时钟) | 提供信道译码时钟信号 |
| 模块 5:TH3(译码输出 - 译码数据) | 模块 12:TH3(译码输入) | 送入 AMBE 解压缩单元 |
| 模块 5:TH4(译码输出 - 时钟) | 模块 12:TH4(译码时钟) | 提供译码时钟 |

(3) 模块开电,设置系统菜单,选择任务"GSM 通信系统实验"。先按 12 号模块的复位键 S1,再进行系统联调,适当调节 11 号模块压控偏置电位器 W1,同时按复位开关键 S3,感受 GSM 系统的通话效果。

(4) 上述步骤中搭建的是 GSM 有线通信系统。若想搭建 GSM 无线通信系统,只需在连线上作如下调整。

① 除去表 6.1.3 所示连线。

**表 6.1.3　实验连线表**

| 源端口 | 目的端口 | 连线说明 |
|---|---|---|
| 模块 10:P1(调制输出) | 模块 11:P1(解调输入) | 将调制信号送入解调单元 |

② 分别将 10 号模块的 P2(发射天线)和 11 号模块的 P2(接收天线)连接拉杆天线。适当调节 11 号模块天线接收端的增益调节旋钮 W2,再适当调节压控偏置电位器 W1,按复位 S3,进行系统联调。

注:系统联调时,建议先以有线通信系统进行联调,再转为无线收发。

**【实验报告】**

(1) 分析实验电路的工作原理,简述其工作过程。

(2) 感受语音传输效果,观测并分析实验过程中的实验现象。

# 实验 6.2　CDMA 扩频通信系统

**【实验目的】**

了解 CDMA 通信系统架构及特性。

**【实验器材】**

(1) 主控 & 信号源、4 号模块、5 号模块、10 号模块、11 号模块、12 号模块、14 号模块、15 号模块　　　　　　　　　　　　　　　　　　　　　　　　　　各一块

(2) 双踪示波器　　　　　　　　　　　　　　　　　　　　　　　　　　一台

（3）连接线　　　　　　　　　　　　　　　　　　　　　　　　　　　若干

## 【实验原理】

（1）实验原理框图（见图 6.2.1 和图 6.2.2）

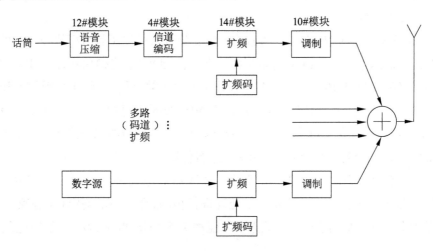

**图 6.2.1　CDMA 发射系统框图**

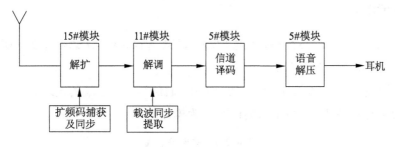

**图 6.2.2　CDMA 接收系统框图**

注:CDMA 扩频通信系统中,接收端根据不同的扩频序列来捕获跟踪不同码道上的信息。

（2）实验框图说明

扩频通信的实现机理:CDMA 扩频通信发送端是将语音信号先通过 12 号模块转换成数字信号,然后经过 4 号模块信道编码处理,再将编码输出与高速率扩频码(比如 Gold 序列或 m 序列)相乘,经过调制电路将扩频后的信号搬移到一个适当的频段进行传输,然后功放电路无线发射出去;CDMA 扩频通信接收端是将天线接收的信号先经过小信号放大处理,再通过捕获、跟踪扩频码来进行同步解扩,并提取解调所需同步载波,最后经过解调以及码元再生电路,还原输出原始信源的数字码型,再经过 5 号模块信道译码处理,最后通过 12 号模块的语音译码功能还原出原始的语音信号。整个实现过程与真实的实际通信系统基本保持一致。

对于数字信源的传输,则在 CDMA 接收系统框图中略去发送端前端的信源编码功能和接收端后端的信源译码功能即可。

这里以传输模拟信号和数字信号两路信号为例,搭建 CDMA 扩频通信系统。为方便系统联调和观测,建议实验前先了解语音压缩、调制解调、扩频及解扩等实验的相关内容,联调时可先搭建数字信号的有线传输系统进行调节,待系统调通后再通过天线进行模拟信号的无线收发实验。

注意:选择实验菜单"CDMA 扩频通信系统实验"后,可以了解各模块输出端的速率值和模块输入端的速率要求。以本实验框图 6.2.2 例,此时系统初始状态:3 Hz ~ 3.4 kHz 的音频信号,经 12 号 AMBE 语音压缩处理输出 8 kHz 数字信号,经 4 号模块卷积编码处理输出 16 kHz 的信号,经扩频处理后,上 10.7 MHz 载频调制发射。对于 16K 的 PN 序列信号,在实验框图中没有经过信道编码功能(因为 4 号模块为卷积编码功能时要求速率必须为 8 kHz),而是直接连至扩频和调制单元进行传输。

对实验平台已经有充分认识和了解后,可以将 PN 序列替代 AMBE 压缩编码输出信号,经过信道编码处理,再送入扩频调制处理进行传输;那么,在选择好实验菜单"CDMA 扩频通信系统实验"后,需要手动调节 PN 速率为 8 kHz,再进行相关系统连线和联调工作。

## 【实验步骤】

**概述:** 该项目主要是通过自行搭建 CDMA 扩频通信系统,认识和掌握 CDMA 通信系统的框架以及相关原理的知识点。

(1)模块关电,按表 6.2.1 所示完成 CDMA 通信系统发送端的连线。

先将话筒接入 12 号模块的话筒接口,作为模拟源。

表 6.2.1 实验连线表

| 源端口 | 目的端口 | 连线说明 |
| --- | --- | --- |
| 模块 12:TH6(编码时钟) | 模块 4:TH2(编码输入 – 时钟) | 将信号送入信道编码单元 |
| 模块 12:TH5(编码输出) | 模块 4:TH1(编码输入 – 数据) | 提供信道编码时钟 |
| 模块 4:TH5(编码输出 – 时钟) | 模块 14:TH1(NRZ – CLK1) | 提供第一路时钟 |
| 模块 4:TH4(编码输出 – 编码数据) | 模块 14:TH3(NRZ1) | 提供第一路数据 |
| 信号源:CLK | 模块 14:TH6(NRZ – CLK2) | 提供第二路时钟 |
| 信号源:PN | 模块 14:TH2(NRZ2) | 提供第二路数字数据 |
| 模块 14:TH4(CDMA1) | 模块 10:TH3(DIN1) | 第一路进行成形滤波 |
| 模块 14:TH5(CDMA2) | 模块 10:TH2(DIN2) | 第二路进行成形滤波 |
| 模块 10:TH7(I – Out) | 模块 10:TH6(I – In) | 将第一路成形信号送入调制 |
| 模块 10:TH9(Q – Out) | 模块 10:TH8(Q – In) | 将第二路成形信号送入调制 |

将 14 号模块上两路信号设置成不同的扩频码序列:拨码开关 S2 为 0001,拨码开关

S3 为 0010,拨码开关 S1 和 S4 全置为 0,序列长度设置开关设置为 127 位。此时第一路扩频信号 CDMA1 则对应开关 S1 为 0001 的扩频码序列,第二路扩频信号 CDMA2 则对应开关 S2 为 0010 的扩频码序列(拨码开关 S1、S2、S3、S4 的功能,可参考扩频技术相关实验内容说明)。

注:有兴趣的同学可以根据序列产生及特性分析实验和直接序列扩频实验的相关内容,设置 14 号 CDMA 发送模块上两路不同的扩频序列,保证二者不同即可,同时在后面的接收端也应注意接收不同码道信息而对应设置不同的扩频码。

此时调制信号输出口:10 号模块的 P1(调制输出),以及经过功放后的 P2(发射天线)。

(2)按表 6.2.2 所示完成 CDMA 通信系统的接收端连线。

① 用于接收数字信号 PN 的 CDMA 接收系统的连线。

根据发送端的拨码情况,设置接收端 15 号 CDMA 接收模块中拨码开关 S1 = 0010,拨码开关 S4 = 0000。

表 6.2.2　实验连线表

| 源端口 | 目的端口 | 连线说明 |
| --- | --- | --- |
| 模块 10:P1(调制输出) | 模块 15:J4(扩频信号输入) | 将扩频信号送入解扩单元 |
| 模块 15:J3(解扩输出) | 模块 11:P1(解调输入) | 送入解调单元 |

② 用于接收音频信号的 CDMA 接收系统的连线见表 6.2.3。

将耳麦的耳机插头接入至 12 号模块的耳机接口。

根据发送端的拨码情况,设置接收端 15 号 CDMA 接收模块中拨码开关 S1 = 0001,拨码开关 S4 = 0000。

表 6.2.3　实验连线表

| 源端口 | 目的端口 | 连线说明 |
| --- | --- | --- |
| 模块 10:P1(调制输出) | 模块 15:J4(扩频信号输入) | 将扩频信号送入解扩单元 |
| 模块 15:J3(解扩输出) | 模块 11:P1(解调输入) | 送入解调单元 |
| 模块 11:TH4(Dout) | 模块 5:TH1(译码输入 - 数据) | 送入信道译码单元 |
| 模块 11:TH5(BS - Out) | 模块 5:TH2(译码输入 - 时钟) | 提供信道译码时钟 |
| 模块 5:TH3(译码输出 - 译码数据) | 模块 12:TH3(译码输入) | 送入 AMBE 解压缩单元 |
| 模块 5:TH4(译码输出 - 时钟) | 模块 12:TH4(译码时钟) | 提供译码时钟 |

(3)模块开电,设置主菜单,选择任务"CDMA 扩频通信系统实验"。根据所需接收的通道,在设置完扩频码序列后,需要按模块 14 的复位开关 S7 和模块 15 的复位开关 S2,让系统配置拨码值。按 12 号模块的复位键 S1。

(4)进行系统联调接收 PN 序列。用示波器对比观测输入信号和输出信号的波形

（为观测方便，可先接收 PN 序列），各模块中的增益调节旋钮要适当调节，使信号幅度不宜过小。缓慢调节 15 号模块 CDMA 接收单元的判决门限调节旋钮 W2，捕获指示灯由灭变亮即可，同时也可以用示波器观测 TP4 相关 1 的测试点配合观测，缓慢调节压控偏置调节旋钮 W3，观测相关峰值情况。缓慢调节 11 号模块压控偏置调节旋钮 W1，并适当按复位开关 S3 使解调端载波与调制载波同频同相。各个相关旋钮需互相配合调节，直至最后输出波形与原始波形一致。

（5）若 PN 序列能成功接收，改变接收端的解扩码序列，使其与语音信号通道上的扩频码一致，再适当调节各个旋钮，感受语音效果。

（6）此时为 CDMA 有线通信系统。若想搭建 CDMA 无线通信系统，只需作如下调整。

① 除去表 6.2.4 所示连线。

**表 6.2.4　实验连线表**

| 源端口 | 目的端口 | 连线说明 |
| --- | --- | --- |
| 模块 10:P1（调制输出） | 模块 15:J4（扩频信号输入） | 将扩频信号送入解扩单元 |

② 分别将 10 号模块的 P2（发射天线）和 15 号模块的 J2（接收天线）接拉杆天线。适当调节 11 号模块天线接收端的增益调节旋钮 W2，再适当调节压控偏置电位器 W1，按复位 S3，进行系统联调。

注：系统联调时，建议先以有线通信系统进行联调，再转为无线收发。

【实验报告】

（1）分析实验电路的工作原理，简述其工作过程。

（2）观测并分析实验过程中的实验现象。

# 实验 6.3　TD／DS(时分加直扩)混合多址移动通信

【实验目的】

了解 TD – DS(时分加直扩)通信系统架构及特性。

【实验器材】

（1）主控 & 信号源、2 号模块、10 号模块、11 号模块、14 号模块、15 号模块　　各一块

（2）双踪示波器　　　　　　　　　　　　　　　　　　　　　　　　　　　　　一台

（3）连接线　　　　　　　　　　　　　　　　　　　　　　　　　　　　　　　若干

## 【实验原理】

(1) 实验原理框图(见图6.3.1)

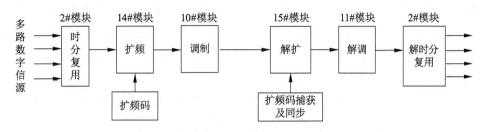

**图 6.3.1　TD–DS 通信系统实验框图**

(2) 实验框图说明

TD–DS 通信系统中,发送端的多路数字信号经过时分复用后,送入14号模块进行扩频处理,再10号模块进行调制发射出去;在接收端信号经过15号模块进行扩频码同步捕获识别后进行解扩,再送入11号模块解调输出复用信号,最后通过2号模块解复用输出原始的多路数字信号。

注意:选择实验菜单"TD/DS 混合多址移动通信"后,可以了解各模块输出端的速率值和模块输入端的速率要求。以本实验框图6.3.1为例,此时系统初始状态:2号模块的四个拨码开关经复用输出后的速率为16 kHz,经扩频处理后,再上10.7 MHz 载频调制发射。

## 【实验步骤】

**概述:** 该项目主要是通过自行搭建 TD–DS 通信系统,认识和掌握 TD–DS 通信系统的框架以及相关原理知识点。

(1) 模块关电,按表6.3.1所示完成扩频通信系统连线。

**表 6.3.1　实验连线表**

| 源端口 | 目的端口 | 连线说明 |
| --- | --- | --- |
| 模块 2:TH1(DoutMUX) | 模块 14:TH3(NRZ1) | 提供第一路数据 |
| 模块 2:TH9(BSOUT) | 模块 14:TH1(NRZ–CLK1) | 提供第一路时钟 |
| 模块 14:TH4(CDMA1) | 模块 10:TH3(DIN1) | 送入 DBPSK 成形滤波 |
| 模块 2:TH9(BSOUT) | 模块 10:TH1(BSIN) | 提供成型时钟 |
| 模块 10:TH7(I–Out) | 模块 10:TH6(I–In) | 将 I 路成形信号送入调制 |
| 模块 10:P1(调制输出) | 模块 15:J4(扩频信号输入) | 将扩频信号送入解扩单元 |
| 模块 15:J3(解扩输出) | 模块 11:P1(解调输入) | 送入解调单元 |
| 模块 11:TH5(BS–Out) | 模块 2:TH12(BSIN) | 送解复用时钟 |
| 模块 11:TH4(Dout) | 模块 2:TH13(DIN) | 送入解复用单元 |

（2）模块开电,设置主控菜单,选择"移动通信"→"TD/DS 混合多址移动通信"。将 2 号模块的拨码开关 S1 设置为 01110010,作为时分复用的帧头数据(解复用电路中默认识别 01110010 作为帧头信号)。任意设置拨码开关 S2、S3、S4,作为三路数据时隙。将 14 号模块上的拨码开关 S1、S2、S3、S4 设置成所需的扩频码序列(可参考直接序列扩频、解扩以及 CDMA 通信系统实验)。将 15 号模块上的拨码开关 S1、S4 设置成对应的扩频码序列,与发送端保持一致即可。此时实验框图 6.3.1 中 2 号模块 DoutMUX 输出速率为 16K。

（3）适当调节 11 号模块压控偏置电位器 W1,同时按复位开关键 S3,观测系统传输后的光条显示情况。若整个系统调节正常,光条显示应无误码。

注:在此实验中,2 号模块 DoutMUX 输出的数据就是信源,2 号模块右侧的光条显示就是信宿。最终解复用后,去掉帧头,三路数据时隙在 LED 灯上显示。

（4）有兴趣的同学可以参考前面卷积码以及相关系统实验,将信道编码及交织模块(4 号模块)和信道译码及解交织模块(5 号模块)融入本系统,融入时注意各模块接口速率关系,适当调节信号源速率。

## 【实验报告】

（1）分析实验电路的工作原理,简述其工作过程。
（2）观测并分析实验过程中的实验现象。

# 第3篇

# 光纤通信实验

# 第 7 章

# 光器件认知及测试(选做)

## 实验 7.1　光纤及其损耗特性(选做)

**【实验目的】**

了解和认知光纤与光缆。

**【实验内容】**

(1) 了解和认识成品光纤跳线。

(2) 认识光纤跳线的接口类型、外观颜色。

**【实验器材】**

单模光纤跳线　　　　　　　　　　　　　　　　　　　　　　　　　　1 根

**【实验原理】**

光纤是光导纤维的简称,它是一种由玻璃或透明聚合物构成的绝缘波导。光被耦合进光纤后只能在其波导内部传播。一般的光纤都是由纤芯、包层和外套涂层三部分组成。其外套涂层作为光纤的保护层,用于加强光纤的机械强度。其光纤结构如图 7.1.1 所示。

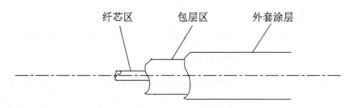

**图 7.1.1　光纤结构示意图**

(1) 光纤的分类

光纤有很多种分类方法。按其传输光波的模式来分,有单模光纤与多模光纤两大类。

它们的结构不同,因而各具不同的特性与用途。

① 单模光纤

用来传输单一基模光波的光纤称为单模光纤。它要求入射光的波长大于光纤的截止波长,单模光纤的纤芯直径很小,一般为 $5 \sim 10~\mu m$。单模光纤对于光的传输损耗是最小的,因为光场只在光纤的中心传导。但是由于纤芯直径很小,对于光纤与光源的耦合及光纤之间的接续将带来明显困难。单模光纤可彻底消除模间色散,在波长为 $1.27~\mu m$ 时,材料色散趋近于零,或者可以使得材料色散与波导色散相抵消。因此,长距离大容量的长途通信干线及跨洋海底光缆线路全部采用单模光纤。由于 $1.55~\mu m$ 波长时单模光纤的损耗更低,人们已研究出了使光纤的零色散波长移到 $1.55~\mu m$ 的技术和使激光器(LD)的频谱更窄的技术,以求同时达到最低的损耗及最宽的带宽,从而最大限度地增大中继距离及信息容量。

② 多模光纤

用来传输多种模式光波的光纤称为多模光纤。模式的数目取决于芯径、数值孔径(接收角)、折射率分布特性和波长。将单模光纤的纤芯增大,光纤将成为多模光纤。多模光纤的纤芯直径远远大于单模光纤,一般为 $50 \sim 200~\mu m$。在临界角内,各个模式的入射光波分别以不同角度,在光纤内的纤芯与包层的接口处发生全反射并沿光纤全长传输。突变型多模光纤的纤芯部分折射率保持不变,而在纤芯与包层的接口折射率发生突变。这种光纤模间群时延时差大,一般传输带宽为 $100~MHz \cdot km$。常做成大芯径(例如 $100~\mu m$)、大数值孔径(例如 NA 大于 $0.3$)光纤,以提高光源与光纤的耦合效率,适用于短距离、小容量的系统。这种光纤的使用相当广泛。

③ 识别单模光纤与多模光纤的方法

第一种,从光纤的产品规格代号中去了解。例如,我国光纤光缆型号的规格代号的第二部分用 J 代表多模渐变型光纤,用 T 代表多模阶跃型光纤,用 Z 代表多模准阶跃型光纤,用 D 代表单模光纤。

第二种,从光纤的纤芯直径去识别。单模光纤的芯径很细,通常芯径小于 $10~\mu m$;多模光纤的芯径比单模光纤大几倍。

第三种,从光纤外套的颜色上识别。通常黄色表示单模光纤,橙色表示多模光纤。

④ 尾纤波长的测试

光纤线路的两端一般是通过一段短光纤把线路与光端机连接起来的。这一段短光纤长度为 3 米或 5 米、10 米,因其位置处于光纤线路的尾部,故称为尾纤。

尾纤的传输特性有工作波长、信号传输模式、带宽与损耗等,通常这些通过光纤光缆的型号标志来识别,也可以用仪表来测试。每种光纤都有特定的工作波长,当注入光信号的波长等于工作波长时,光纤损耗最小;反之,光纤损耗增大。因此,把不同波长的光信号注入光纤,测量光纤损耗,当光纤损耗最小时,该光信号的波长即为尾纤的工作波长。

（2）成品光纤的主要参数

① 光纤的纤芯折射率分布

纤芯折射率分布一般分为两类，即梯度型分布及阶跃型分布。一般的多模光纤可采用这两种分布的一种，而单模光纤只有阶跃型分布一种。

② 光纤的尺寸

一般光纤的外径是 125 μm，单模光纤纤芯芯径是 9~10 μm，多模光纤的纤芯芯径是 40~50 μm，同心度偏差 1~5 μm，这是对光纤通信所用光纤的尺寸。

③ 光纤的传播损耗

引起光纤损耗的原因主要有三个方面：

a. 瑞利散射。这主要是由于玻璃中密度分布涨落引起的。

b. 水吸收带。在玻璃中若残存百万分之一克重量的氢氧根，就会引起对各波长的光波的光损耗。

c. 固有损耗。这是由于微观波导的不连续性引起的。

④ 数值孔径

数值孔径是描述光纤受光程度的参数，通常用光从空气入射到纤芯允许的最大入射角的正弦值来描述。

⑤ 带宽

带宽是光纤的一个重要参数，它使渐变型光纤像一个低通滤波器一样，对光发射机的功率调制产生影响。它使光纤的传输函数的大小随调制频率升高而减小，而在整个频谱内的相关相位失真保持很小。为计算方便，这种频响可以近似为一个等效的高斯低通滤波器，最高带宽仅可能在某一个波长上发生。对于其他波长，带宽将减少下来，带宽是波长的函数。其低通滤波器的截止频率与玻璃组成材料及剖面折射率分布有关。

⑥ 有效截止波长

这是描述单模光纤的一个重要参数。它表明，在单模光纤的波长域中仅可以传播模，所谓截止波长是指基模。

测量有效截止波长的方法有多种，一般采用挠曲法。首先，将一段光纤在直线状态下测量一下损耗；然后，在弯曲状态下测量损耗。这样可以推算出由于弯曲增加的衰耗，有效截止波长就是这样定义的，在截止波长下由于弯曲增加的损耗是 0.1 dB。

当工作频率低于这个截止波长所对应的频率时，规定的传播模不能存在，大于截止波长的相应频率的光进入包层区域被损耗掉。这个名词是从以前波导理论研究中借用来的。

⑦ 模场直径

这是单模光纤的另一重要参数，也称为光点尺寸。在单模光纤中主要传送的是基模，而模场直径与基模光斑的大小有关，它以基模场强减少到 1/e 处的宽度来定标，它表征入纤的光功率分布。

（3）光缆的分类

单独的成品光纤都是经过了一次涂覆或二次涂覆（套塑）以后的光纤,虽然它已经具有一定抗拉强度,但还是经不起实用场合的弯折、扭曲和侧压力的作用。为此,欲使成品光纤达到通信工程实用要求,必须像通信用的各种铜线和电缆那样,借助传统的绞合、套塑、金属等成缆工艺,并在缆芯中放置强度组件材料,组成可以在不同使用环境下使用的多品种光缆,使之能适应工程要求的敷设条件,承受实用条件下的抗拉、抗冲击、抗弯以及抗扭曲等机械性能,保证光纤原有的好的传输性能不变。表 7.1.1 列出了光缆的分类方法及类型。

表 7.1.1　光缆的分类方法及类型

| 分类方法 | 类型 | 分类方法 | | 类型 |
|---|---|---|---|---|
| 网络层次 | 核心网光缆 | 缆芯结构 | | 中心管式光缆 |
| | 中继网光缆 | | | 层绞式光缆 |
| | 接入网光缆 | | | 骨架式光缆 |
| 光纤状态 | 松套光缆 | 使用环境 | 室内光缆 | 多用途光缆 |
| | 半松半紧光缆 | | | 分支光缆 |
| | 紧套光缆 | | | 互连光缆 |
| 光纤形态 | 分离光纤光缆 | | 室外光缆 | 金属加强件室外光缆 |
| | 光纤束光缆 | | | 非金属加强件室外光缆 |
| | 光纤带光缆 | | 特种光缆 电力光缆 | 缠绕式光缆 |
| 敷设方式 | 架空光缆 | | | 光纤复合式光缆 |
| | 管道光缆 | | | 全介质自承式架空光缆 |
| | 直埋光缆 | | 阻燃光缆 | 室内阻燃光缆 |
| | 隧道光缆 | | | 室外阻燃光缆 |
| | 水底光缆 | | | |

无论光缆的具体结构形式如何,光缆一般由缆芯、护套两部分组成,有时在护套外面加有铠装。根据光缆的结构特点可分为中心管式光缆、层绞式光缆和骨架式光缆。

① 中心管式。中心管式光缆结构是由一根二次光纤松套管或螺旋形光纤松套管,无绞合直接放在中心位置,纵包阻水袋和双面覆塑钢带,两根平行加强圆磷化碳钢丝或玻璃钢圆棒位于聚乙烯护层中组成的。按松套管中放入芯线的特点,中心管式光缆可进一步分为分离光纤中心管式光缆、光纤束中心管式光缆和光纤带中心管式光缆。三种中心管式光缆的结构如图 7.1.2 所示。

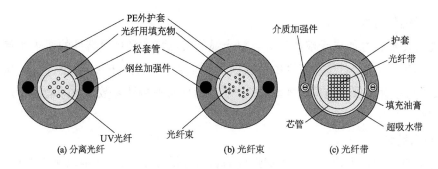

图 7.1.2　中心管式光缆结构

② 骨架式。骨架式结构是将单根或多根光纤放入骨架的螺旋槽内,骨架的中心是加强件,如图 7.1.3 所示。由于光纤在骨架沟槽内具有较大的空间,因此当光纤受到张力时,可在槽内作一定的位移,从而减小光纤芯线的应力应变和微变。骨架式结构具有耐测压、抗弯曲和抗拉的特点。

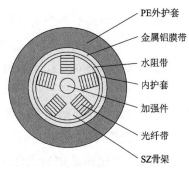

图 7.1.3　骨架式光缆结构

(3)层绞式。层绞式光缆结构是由 4 根或更多根二次被覆光纤松套管(或部分填充绳)绕中心金属加强件绞合成圆整的缆芯,缆芯外先纵包复合铝带并挤上聚乙烯内护套,纵包阻水带和双面覆膜皱纹钢(铝)带加上一层聚乙烯外护层构成。按松套管中放入芯线的特点,层绞式光缆又可以进一步分为分离光纤层绞式光缆、光纤束层绞式和光纤带层绞式光缆。它们的结构如图 7.1.4 所示。

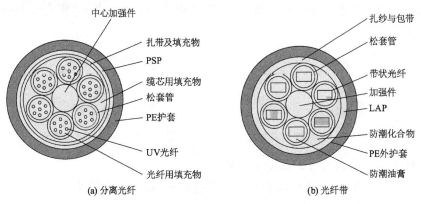

图 7.1.4　层绞式光缆结构

（4）光缆的特性

光缆的传输特性取决于被覆光纤。对光缆的机械特性和环境特性的要求由使用条件确定。光缆出厂之前，对这些特性的主要项目（如拉力、压力、扭转、弯曲、冲击、振动和温度等）按照国家标准规定做例行实验，并按要求给出有关特性参数。成品光缆一般要求给出下列特性：

① 拉力特性

光缆能承受的最大拉力取决于加强件的材料和横截面积，一般要求大于 1 km 光缆的重量，通常为 100～400 kg。

② 压力特性

光缆能承受的最大侧压力取决于护套的材料和结构，多数光缆能承受的最大侧压力为 10～40 kg/cm。

③ 弯曲特性

弯曲特性主要取决于纤芯和包层的相对折射率差 $\delta$ 以及光缆的材料和结构。光缆最小弯曲半径等于或大于光纤的最小弯曲半径，一般为 200～500 mm。在此条件下，光辐射引起的光纤附加损耗可以忽略，若小于最小弯曲半径，附加损耗则急剧增加。

④ 温度特性

光缆的温度特性是指温度变化而导致的光纤的损耗将增加。光纤本身具有良好的温度特性，而光缆的温度特性主要取决于光缆材料的选择和结构的设计，采用松套管二次被覆光纤的光缆的温度特性比较好。温度变化而导致的光纤损耗增加，主要是由于光缆的材料的热膨胀系数比光线材料大 2～3 个数量级，在热胀冷缩的过程中，光纤受到应力的作用而产生的。

我国对光缆使用温度的要求：低温地区 -40～+40 ℃，高温地区 -5～+60 ℃。

【实验步骤】

（1）任务一　了解与认识成品光纤跳线（见图 7.1.5）

从外观颜色区分单模光纤和多模光纤：单模光纤外观为黄色；多模光纤为橙色，如图 7.1.6 所示。

图 7.1.5　光纤跳线实物图　　　　图 7.1.6　多模光纤实物图

（2）任务二　认识光线跳线的接口类型

从图 7.1.7 可知，光纤通信实验设备使用的是 SC 接口的单模光纤。

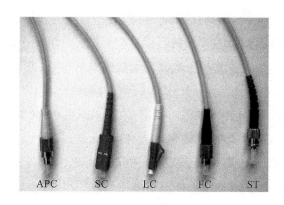

**图 7.1.7　光线跳线接口类型**

## 【实验报告】

写出常规的光纤跳线接口类型及应用范围。

# 实验 7.2　光纤活动连接器认知及性能测试（选做）

## 【实验目的】

(1) 认知光纤活动连接器(法兰盘)。
(2) 了解光纤活动连接器在光纤通信系统中的作用。

## 【实验内容】

(1) 认识和了解光纤活动连接器及其作用。
(2) 测量光纤活动连接器的插入损耗。

## 【实验器材】

| | |
|---|---|
| (1) 主控 & 信号源模块、25 号模块 | 各 1 块 |
| (2) 23 号模块(光功率计) | 1 块 |
| (3) 连接线 | 若干 |
| (4) 光纤跳线 | 2 根 |
| (5) 光纤活动连接器(法兰盘) | 1 个 |

## 【实验原理】

光纤活动连接器即光纤适配器,又叫法兰盘,是光纤传输系统中光通路的基础部件, 是光纤系统中必不可少的光无源器件。它能实现系统中设备之间、设备与仪表之间、设备与光纤之间以及光纤与光纤之间的活动连接,以便于系统的接续、测试、维护。它用于光纤与光纤之间进行可拆卸(活动)连接的器件。它是把光纤的两个端面精密对接起来,以使发射光纤输出的光能量能最大限度地耦合到接收光纤中去,并使其介入光链路而对系统造成的影响减到最小。

目前,光纤通信对活动连接器的基本要求是:插入损耗小,受周围环境变化的影响小;易于连接和拆卸;重复性、互换性好;可靠性高,价格低廉。

光纤通信使用的光连接器,按纤芯插针、插孔的数目不同,分为单芯活动连接器和多芯活动连接器两类。单芯活动连接器的基本结构是插针和插孔。由光纤连接损耗的计算可知,影响损耗的主要外在因素是相互连接的两根光纤的纤芯之间的错位和倾斜。因此,在连接器的结构中,要求插针中的纤芯与插孔有很高的同心度,相连的两根插针在插孔中能精确对准。

光连接器的类型有 FC、SC、ST 等,主要根据散件的形状来区分。FC:螺纹连接,旋转锁紧;SC:轴向插拨矩形外壳结构,卡口锁紧;ST:弹簧带键卡口结构,卡口旋转锁紧。各连接器插针套管的端面也可研磨抛光成平面、凸球面及一定角度面,此时根据插针套管的端面研磨的形状区分又可以分为 PC、UPC、APC。PC:平面;UPC:球面;APC:8 度面。例如FC/PC 型即为螺纹连接,插针套管截面为平面的连接器。图 7.2.1 为 FC/APC 型单模光纤活动连接器。

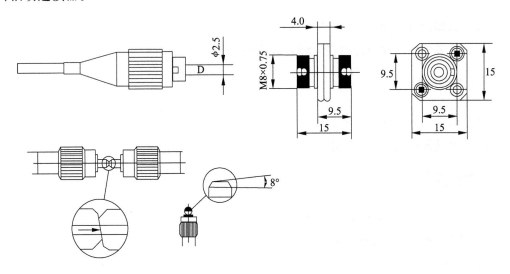

**图 7.2.1　FC/APC 型单模光纤活动连接器**

(1) FC 型活动连接器

FC 型(平面对接型)光连接器。这种连接器插入损耗小,重复性、互换性和环境可靠性都能满足光纤通信系统的要求,是目前国内广泛使用的类型。

FC 型连接器结构采用插头－转接器－插头的螺旋耦合方式。两插针套管互相对接,对接套管端面抛磨成平面,外套一个弹性对中套筒,使其压紧并且精确对中定位。FC 型光连接器制造中的主要工艺是高精度插针套管和对中套筒的加工。高精度插针套管有毛细管型、陶瓷整体型和模塑型三种典型结构。对中套筒是保证插针套管精确对准的定位机构。

FC 型单模光纤连接器一般地分螺旋耦合型和卡口耦合型两种。

FC 型单模光纤连接器所连接的两根光纤端面是平面对接,端面间的空气气隙会产生菲涅尔反射。反射光反射到激光器会引起额外的噪声和波形失真,而端面间的多次反射还会引起插入损耗的增加。

(2) SC 型光纤连接器

SC 型(矩形)光纤连接器。SC 型矩形光纤连接器采用新型的直插式耦合装置,只需轴向插拔,不用旋转,可自锁和开启,装卸方便。它的体积小,不需旋转空间,能满足高密封装的要求。它的外壳是矩形的,采用模塑工艺,用增强的 PBT 的内注模玻璃制造。插针套管是氧化锆整体型,将其端面研磨成凸球面。插针体尾入口是锥形的,以便光纤插入套管内。SC 型矩形连接器的装配步骤一般有:选择套管、光纤处理、光连接器与光纤的连接、套管端面处理等。

(3) ST 型光纤连接器

ST 型连接器是一种卡口式的连接器,它采用带键的卡口式紧锁机构,确保每次连接均能准确对中。插针直径为 $\Phi = 2.5$ mm,其材料可为陶瓷或金属。它可在现场安装,也可在工厂预装成光纤组件。目前,ST 型活动连接器的插入损耗典型值为 0.3 dB,最大值为0.5 dB;其后向反射损耗在一般情况下为 ≤ -31 dB,但在端面作精细处理后,可 ≤ -40 dB。图 7.2.2 列出了几种常见的法兰类型。

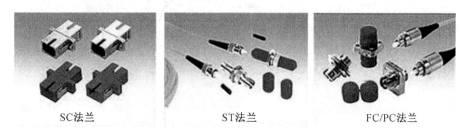

SC法兰　　　　　　ST法兰　　　　　FC/PC法兰

**图 7.2.2　几种常见的法兰类型**

单模光纤连接器产品,一般应标明连接器名称、型号、接光纤类型、工作波长、光纤尺寸、光纤根数、首次使用插入损耗、温度范围、耦合方式(螺旋、卡口、插拔式)以及端面处理、装配方式等。

光纤活动连接器插入损耗是指光纤中的光信号通过活动连接器之后,其输出光功率相对输入光功率的分贝数,计算公式为

$$IL = 10\lg(P_0/P_1)$$

其中,$P_0$ 为输入端的光功率,$P_1$ 为输出端的光功率,功率单位为 W。

设备自带的功率计组成如图 7.2.3 所示。

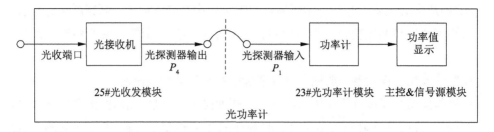

**图 7.2.3　设备自带的功率计组成架构图**

光纤活动连接器的插入损耗越小越好。光纤活动连接器插入损耗测试方法：如上述实验测试框图（见图 7.2.4b）所示，向光发端机的数字驱动电路送入一伪随机信号，保持注入电流恒定。将活动连接器连接在光发机与光功率计之间，记下此时的光功率 $P_1$（见图 7.2.4a）；取下活动连接器，再测此时的光功率，记为 $P_0$，将 $P_0$、$P_1$ 代入公式即可计算出其插入损耗。

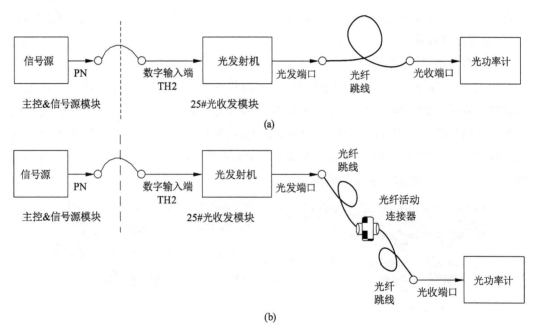

**图 7.2.4　插入损耗实验测试框图**

## 【注意事项】

（1）在实验过程中切勿将光纤端面对着人眼，切勿带电进行光纤跳线的连接。

（2）不要带电插拔信号连接导线。

**【实验步骤】**

（1）活动连接器认知（见图 7.2.5）

**图 7.2.5　活动连接器实物图**

（2）活动连接器性能测试

系统关电，按下面说明依次连线：

① 用连接线将主控信号源模块的 PN 连接至 25 号模块的 TH2 数字输入端。

② 用光纤跳线连接 25 号模块的光发端口和光收端口，此过程是将电信号转换为光信号，经光纤跳线传输后再将光信号还原为电信号。注意：连接光纤跳线时需定位销口方向且操作小心仔细，切勿损伤光纤跳线或光收发端口。

③ 用同轴连接线将 25 号模块的 P4 光探测器输出端，连接至 23 号模块的 P1 光探测器输入端。将 23 号模块的拨码开关 S3 拨为"外部"，此时是用于光功率计单元测量未加入光纤活动连接器时的光发射机输出的光功率。

（3）设置 25 号模块的功能初状态

① 将收发模式选择开关 S3 拨至"数字"，即选择数字信号光调制传输。

② 将拨码开关 J1 拨至"ON"，即连接激光器；拨码开关 APC 此时选择"ON"或"OFF"都可，即 APC 功能可根据需要随意选择。

③ 将功能选择开关 S1 拨至"光功率计"，即选择光功率计测量功能。

（4）进行系统联调和观测

① 打开系统和 23 号、25 号模块的电源开关。

② 设置主控 & 信号源模块的"主菜单"，选择"光功率计"；可以通过选择和单击"选择/确认"多功能旋钮，切换功率计的测量波长；根据实际使用的光收发模块的波长类型，选择波长"1310 nm"或"1550 nm"。

③ 适当调节 25 号模块的 W4 输出光功率大小旋钮，记录当前输出功率值 $P_1$。

④ 关电，在 25 号模块的光发端口和光收端口之间加入光纤活动连接器。具体操作方法：先拆除光纤跳线与光接收端口的连接，然后将此光纤跳线与待测光纤活动连接器的一端连接，最后用另一根光纤跳线将待测光纤活动连接器的另一端与 25 号模块的光收端口连接。

⑤ 再模块开电,选择菜单功能以及功率计波长,记录此时功率值 $P_2$。

⑥ 光纤活动连接器的插入损耗 = $P_1 - P_2$。

## 【实验报告】

记录光纤活动连接器的插入损耗。

# 实验7.3 光耦合器认知(选做)

## 【实验目的】

(1) 了解和认知各类型光耦合器件。

(2) 了解波分复用器与一般的光耦合器件有何不同。

## 【实验器材】

WDM 波分复用器                                                    1 对

## 【实验原理】

光耦合器的功能是把一个或多个光输入分配给多个或一个光输出。这种器件对光纤线路的影响主要是附加插入损耗,还有一定的反射和串扰噪声。耦合器大多与波长无关,与波长相关的耦合器称为波分复用/解复用器。

(1) 耦合器的类型

图 7.3.1 所示为常用耦合器的类型,它们具有不同的功能和用途。

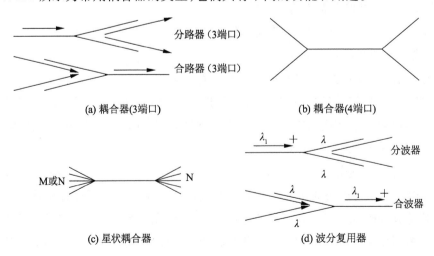

(a) 耦合器(3端口)                              (b) 耦合器(4端口)

(c) 星状耦合器                              (d) 波分复用器

**图 7.3.1 常用耦合器**

Y 型耦合器(见图 7.3.1a):这是一种 3 端耦合器,其功能是把一根光纤输入的光信号按一定比例分配给两根光纤,或把两根光纤输入的光信号组合在一起,输入一根光纤。这种耦合器主要用做不同分路器的功率分配器或功率组合器。

4 端口耦合器(见图 7.3.1b):这是一种 $2 \times 2 = 4$ 端耦合器(又称 $2 \times 2$ 星状耦合器),用来完成光功率在不同端口间的分配。它可用做定向耦合器或分路器,但不能做合路器。

星状耦合器(见图 7.3.1c):这是一种 $n \times m$ 耦合器,其功能是把 $n$ 根光纤输入的光功率组合在一起,均匀地分配给 $m$ 根光纤,$m$ 和 $n$ 不一定相等。这种耦合器通常用做多端功率分配器。

波分复用器(见图 7.3.1d,也称合波器/分波器):前述光耦合器均只涉及光功率的分配,而波分复用器涉及多个不同波长的信号进行结合(合波器)或分离(分波器)的功能,因而不仅涉及光功率的分配,还涉及不同波长的分配,故可以看作是一种特殊形式的光耦合器。

(2) 耦合器的基本结构

耦合器的结构有许多,其中比较实用和有发展前途的是光纤型、微器件型和波导型。

① 光纤型。全光纤型耦合器的制造方法有熔锥和研磨法两种类型。

熔锥型光纤耦合器。两根或多根光纤排列,用熔拉双锥技术制作的各种器件。这种方法可以构成 Y 型耦合器、定向耦合器和波分解复用器等。它是将两根或多根光纤,把涂覆盖层去掉清洗干净后,拧绞成麻花状,然后在加热熔融状态下边加热边向两边拉伸而成,中间部位是哑铃状的双锥体。它的工作原理是这样的:在双锥体的前半部,随着光纤逐渐变细,原来在光纤中传播的芯模逐渐变成包层模并向前传播。在双锥体区的光信号已使所有光纤"公有化"了,即发生光耦合。在双锥体后半部分,随着光纤逐渐变粗,包层模又逐渐转变为模芯,使光功率分配到各个光纤中,这就是多纤星状耦合器的工作原理。多纤星状耦合器的制造工艺和所选用设备都比较简单,而光纤根数又可任意选定。

研磨型光纤耦合器。研磨型光纤耦合器制作过程:将两根光纤一边的包层磨掉大部分,剩下很薄的一层,然后将两根光纤经研磨的一侧拼合在一起,中间涂上一层折射率匹配液,于是两根光纤可以通过包层里的消失场发生耦合,得到所需的耦合功率。由于其耦合原理也是利用消失场耦合,因而其特性和原理类似于上述熔锥型光纤耦合器,但其制造技术不易控制,不如熔锥型光纤耦合器那么简单容易。

② 微器件型。用自聚焦透镜和分光片(光部分透射,部分反射)、滤光片(一个波长的光透射,另一个波长的光反射)或光栅(不同波长的光有不同反射方向)等微光学器件可以构成 Y 型耦合器、定向耦合器和波分解复用器。用 $2 \times 2$ 的耦合器同样可以构成星状耦合器。自聚焦透镜在光物元器件中起着非常重要的作用。

③ 波导型。在一片平板衬底上制作所需形状的光波导,衬底做支撑体,同时又做波导包层。波导的材料根据器件的功能来选择,一般是 $SiO_2$,横截面为矩形或半圆形。

（3）单模光纤耦合器的性能指标

① 工作波长 $\lambda_0$：通常取 1.31 μm 或 1.55 μm。

② 耦合比 $CR$：是一个指定输出端的光功率 $P_{oc}$ 和全部输出端的光功率总和的比值，用%表示。

③ 附加损耗 $Le$：附加损耗的定义为由散射、吸收和器件缺陷产生的损耗，是全部输入端的光功率总和 $P_{it}$ 和全部输出端的光功率总和 $P_{ot}$ 的比值，用分贝表示为

$$Le = -10\log\frac{P_{it}}{P_{ot}}(\mathrm{dB})$$

好的 2×2 单模光纤耦合器的附加损耗可小于 0.2 dB。

④ 分光比和插入损耗：耦合器分光比和插入损耗测量原理如图 7.3.2 所示。

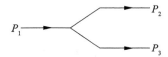

**图 7.3.2 耦合器分光比和插入损耗测量原理图**

插入损耗是由于耦合器插入在输入端口和输出端口之间产生的损耗。耦合器的插入损耗（$IL$）是在一个特定波长输出与输入光功率之比，表示为

$$IL(\mathrm{dB}) = -10\lg[(P_2 + P_3)/P_1]$$

分光比是耦合器的每一个输出口输出的功率占总功率的比例。形式上定义为

$$CR(\mathrm{dB}) = -10\lg[P_2/(P_2 + P_3)]$$

它也可以用绝对值或百分比表示。在后一种情况下：

$$CR(\%) = [P_2/(P_2 + P_3)] \times 100\%$$

⑤ 反向隔离度 $Lr$

反向隔离度的定义为

$$L_i = -10\log\frac{P_i}{P_1}(\mathrm{dB})$$

通常应有 $Lr > 55$ dB。测量反向隔离度时，须将端口其余端口浸润于光纤的匹配液中，以防止光的反射。

⑥ 偏振灵敏度 $\Delta R$

偏振灵敏度的定义为光源的偏振方向变化 90°时，光纤耦合器分束比变化的分贝数。好的光纤耦合器的偏振灵敏度应小于 0.2 dB。

⑦ 光谱响应范围 $\Delta\lambda$

光谱响应范围是指光纤耦合器的分光比保持在给定误差范围内所允许的光源波长变化范围。通常 $\Delta\lambda$ 值为 ±20 nm。

除此以外，尚有机械性能和温度性能指标。

（4）波分复用器的一些指标

波分复用器的主要技术指标如下：

① 工作波长 $\lambda_1$、$\lambda_2$

工作波长 $\lambda_1$、$\lambda_2$ 值由应用要求而定，例如 1.31 μm/1.55 μm。

② 插入损耗 $L_i$

$$L_i = -10\log\left(\frac{P_2}{P_1}\right)_{\lambda_1} \text{ 或 } -10\log\left(\frac{P_3}{P_1}\right)_{\lambda_2}$$

即波长为 $\lambda_1$ 的输入光功率 $P_1$ 与输出光功率 $P_2$ 之比（化成分贝数），或波长为 $\lambda_2$ 的输入光功率 $P_1$ 与输出光功率 $P_2$ 之比（化成分贝数）。优良的波分复用器的插入损耗可小于 0.5 dB。

③ 波长隔离度

波长隔离度是一个波长的光功率串扰另一波长输出臂程度的度量（化成分贝数）。$L_\lambda$ 值一般应达到 20 dB 以上。

④ 光谱响应范围 $\Delta\lambda$

通常指插入损耗小于某一容许值的波长范围，要根据应用要求而定。除此以外还有机械性能和温度性能指标。

⑤ 波分复用器的光串扰

波分复用器的光串扰即为其隔离度，测量 1310 nm 的光串扰的原理方框图如图 7.3.3 所示。

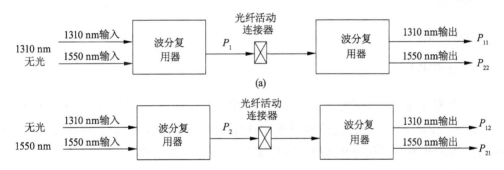

**图 7.3.3　波分复用器光串扰测试原理框图**

$$L_{12} = 10\log\frac{P_1}{P_{22}}$$

$$L_{21} = 10\log\frac{P_2}{P_{12}}$$

式中的 $L_{12}$ 和 $L_{21}$ 即是波分复用器相应的光串扰。

**【实验步骤】**

（1）认识光耦合器件之波分复用器（外观、端口、指标等）（实物参考图 7.3.4）。

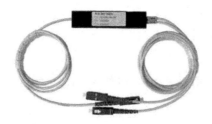

**图 7.3.4　波分复用器**

（2）有兴趣的同学可以根据单模光纤耦合器的性能指标说明，对光耦合器件进行测试。

## 【实验报告】

给出单棱光纤耦合器的性能指标测试结果。

# 实验 7.4　光隔离器和光环形器认知（选做）

## 【实验目的】

了解光隔离器和光环形器的原理和异同点。

## 【实验器材】

WDM 波分复用器　　　　　　　　　　　　　　　　　　　　　　　　　1 对

## 【实验原理】

光隔离器与环行器都是光非互易传输耦合器。光环行器一般用于将一根光纤中传输的正向（输入）和反向（输出）光信号分开，例如在光时域反射仪、反射式光纤传感器以及单端耦合光放大器及其他光纤系统中用作耦合器，可使系统结构简化、性能提高。

衡量光隔离器与环行器性能的主要参数有：① 正向插入损耗，定义为正向传输时输出光功率与输入光功率之比；② 反向（逆向）隔离比，定义为反向（逆向）传输时输出光功率与输入光功率之比；③ 回波损耗，定义为输入端口自身返回功率与输入功率之比。

光隔离器与光环行器所依据的原理是法拉第磁光效应，即当光波通过置于磁场中的法拉第旋光片时，光波的偏振方向总是沿着与磁场（H）方向构成右手螺旋的方向旋转，而与光波的传播方向无关。这样，当光波沿正向和沿反向两次通过法拉第旋光片时，其偏振方向旋转角将迭加而不是抵消（如在互易性旋光片中的情形）。这种现象称之为"非互易旋光性"。

光环行器的结构和光隔离器十分类似，所不同的只是偏振分光镜的设计。典型的分光式光环行器的结构,是采用了偏振分光镜。当光信号由 1 端门输入时,由 YIG 晶体和石英旋光片构成的旋光系统不改变光的偏振方向,合光之后光信号将由 2 端口输出;当光信号由 2 端口输入时,两束线偏光的偏振方向各自旋转 90°,合光之后由 3 端口输出;当光信号由 3 端口输入时,光的偏振方向也不发生变化,合光之后将由 4 端口输出。因此,这种光环行器具有 1 - 2 - 3 - 4 的环行功能。当不按照这种顺序传输时,就会出现很大的损耗,所以这种环行器也兼具隔离器功能。实际上,这种环行器等效于 1 与 2、2 与 3、3 与 4 之间三个光隔离器。

目前,各种实用的光环行器还主要是用磁光材料作为旋光材料,但可用大块介质或光纤作为偏振分光镜。大块介质做成的棱镜分光镜是在两直角棱镜的斜面上镀制偏振分光膜并胶合而成,而光纤偏振分光器件可用拉锥方法制成。

(1) 传统技术

自由空间单级光隔离器通常由三个组件组成:两个起偏器、一个法拉第旋光器。两个起偏器将法拉第旋光器夹在中间形成一个三层结构,法拉第旋光器确定输入输出光的偏振态方向。由于其固有的偏振敏感性,这种光隔离器通常运用于固定偏振态光源的输出端。

法拉第旋光器对光偏振态的旋转角度与其厚度成正比。用于通信波长(如 1310 nm、1550 nm)的法拉第旋光器通常由稀土石榴石薄膜制成。这些石榴石薄膜厚度通常在 1 mm 以下,并且需要在充满磁场的环境中工作。由于大多数的通信应用都要求有一个比较宽的工作温度范围,而这种石榴石材料恰恰可以很好地满足这种要求,因此得到了很广泛的应用,虽然其对磁场的需求使得整个设计变得比较复杂。

在石榴石的进光侧和出光侧分别加上一个起偏器,就可以形成一个光阀门(使光仅可以沿一个方向传输)。通常在通信系统光收发器中应用的起偏器都是基于金属材料共振吸收的原理来确定传输偏振态的,这种技术在过去几十年中都被认为是非常完美的,而且这些起偏器价格低廉、透光率高(≥98%)、消光比高(≥10000∶1)。

(2) 纳米制造技术

纳米制造是一种更为高效的制造技术。这种技术利用半导体芯片制造工艺在亚微米尺寸上制作元器件。纳米制造技术使尺寸低于光波长的微型结构得以实现,它可以在不同材料(如玻璃、熔融石英、Ⅲ - Ⅳ 族材料、石榴石)、不同规格(如圆形、矩形)的基底上制作出各种形状(如轨道形、杜形、棱锥形、圆锥形)的器件。通过适当地选择材料、基底、形状、规格便可以在纳米结构上实现各种各样的光功能,如起偏、相位延迟、分束、滤波、光隔离等。

纳米制造的光隔离器的核心部件就是直接在石榴石基底上集成纳米偏振结构。这项技术的应用给光隔离器带来了三大优势:体积小、稳定性高、成本低。这些都是收发器厂商非常感兴趣的。纳米偏振结构的厚度不到 1 μm(传统的共振吸收起偏器的厚度约为 200 μm)。这么薄的纳米结构使得光隔离器核心部件的总厚度压缩了一半:工作波长为

1550 nm 的从 0.9 mm 左右降为 0.5 mm 左右;工作波长为 1310 nm 的从 0.7 mm 左右降为 0.3 mm 左右。因此,纳米制造的隔离器核心部件的尺寸比通常的平板结构要小得多,这正好满足了厂商们对器件紧凑结构的要求。另外,由于不需使用环氧树脂层,光隔离器的环境可靠性得到了大大提高。这种新工艺不再需要昂贵的手工对准和组装,在磁场中的封装也简化了,从而提高了制造效率,使光隔离器的成本降到了 10 美元以下。

**【实验步骤】**

(1) 利用波分复用器的隔离度将波分复用器作为隔离器使用。

① 连接框图参考图 7.4.1。

实验开始前请先阅读首页的"注意事项及基本操作说明"。

② 系统(即使用到的相关模块)关电,参考图 7.4.1 中步骤一的系统框图,按下面的说明依次连线:

a. 用连接线将信号源 A – OUT 连接至 25 号模块的 TH1 模拟输入端。

b. 用光纤跳线连接 25 号模块的光发端口和光收端口,此过程是将电信号转换为光信号,经光纤跳线传输后再将光信号还原为电信号。注意:连接光纤跳线时需定位销口方向且操作小心仔细,切勿损伤光纤跳线或光收发端口。

步骤一:搭建光收发系统,测试模拟信号(或数字信号)输入时激光器的最大输出光功率

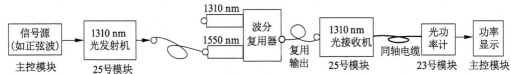

步骤二:在上一步的基础上,按上图方式搭建传输系统,并测量输出的光功率(连接或断开光线跳线时请关闭25号模块电源)

**图 7.4.1  连接框图**

③ 设置 25 号模块的功能初状态:

a. 将收发模式选择开关 S3 拨至"模拟",即选择模拟信号光调制传输。

b. 将拨码开关 J1 拨至"ON",即连接激光器;拨码开关 APC 此时选择"ON"或"OFF"都可,即 APC 功能可根据需要随意选择。

④ 进行系统联调和观测:

a. 打开系统和各实验模块电源开关。设置主控模块的菜单,选择"主菜单"→"光纤通信"→"模拟信号光调制"。此时系统初始状态中 A – OUT 输出为 1 kHz 正弦波。调节信号源模块的旋钮 W1,使 A – OUT 输出正弦波幅度为 1 V,如图 7.4.2 所示。

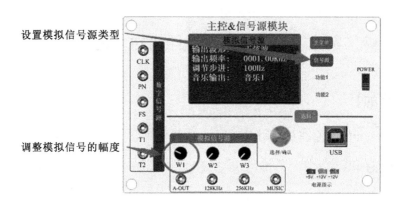

设置模拟信号源类型

调整模拟信号的幅度

图 7.4.2　主控面板

b. 选择进入主控 & 信号源模块的"光功率计"功能菜单,根据所选模块波长类型选择波长"1310 nm"。

c. 将 25 号模块的功能选择开关 S1 拨至"光接收机",适当调节 25 号模块的 W5 接收灵敏度旋钮,用示波器对比观察光接收机的模拟输出端 TH4 和光发射机的模拟输入端 TH1,正常传输时输出的波形无失真。此时,请断开 25 号模块的 P4 光探测器输出端与 23 号模块的 P1 光探测器输入端的同轴电缆连接(注:不测量光功率时,光发送与光接收自成一个传输系统。如果不断开同轴电缆,相当于给光接收机增加了一个不必要的负载,影响光接收机模拟输出端 TH4 的信号质量,波形会出现失真)。

d. 将 25 号模块的 P4 光探测器输出端与 23 号模块的 P1 光探测器输入端用同轴电缆连接(注:本平台的内置光功率计功能有两种搭建方式,实验时可根据自己需要任选其中一种方式搭建光功率计。详细可参考实验基本功能介绍中关于光功率计的使用说明的相关内容。这里我们以方式二为例进行操作)。将 25 号模块的功能选择开关 S1 拨至"光功率计",记录此时的光调制功率(见表 7.4.1)。

表 7.4.1　光调制功率记录

| 信号幅度 | $1\ V_{p-p}$ |
|---|---|
| 光调制输出功率 | |

保持以上设置,参考图 7.4.1 中的步骤二,搭建系统并测量波分复用器的输出功率。

说明:因波分复用器的隔离度在 40 dB 左右,若步骤一的最大输出光功率为 400 uW,此时,由于波分复用器的隔离度非常大,在步骤二的传输系统条件下,最终输出光功率基本为 0。

(2) 有兴趣的同学可以根据上面的传输系统模型自行搭建其他方式的隔离器进行隔离度测量。

【实验报告】

给出光隔离器的隔离度测量报告。

# 实验7.5 光开关器件认知（选做）

## 【实验目的】

了解光开关器件的原理及应用。

## 【实验器材】

光开关器                                                                        1个

## 【实验原理】

（1）光开关技术分类与性能比较

随着 DWDM（密集波分复用）系统的成熟及大量被投入使用，高速大容量 DWDM 光传输和交换正在成为现在通信网路的主要发展方向，而作为系统节点核心器件的开关组件，其性能的好坏成为决定节点性能和网络性能的关键。不论是网络的构造，还是网络故障下的恢复，都需要对光开关的智慧控制。随着各种业务的数量上和质量上的高速发展，将需要越来越大的网络带宽，而且网络节点（如 OXC 或 OADM）都必须有大量的端口，同时也必须能容纳大量的波长通道，这些都要求必须存在大规模的集成开关矩阵。因此，光开关一方面必须具有良好的性能，另一方面必须能够集成为大规模开关矩阵，以适应现代网络的要求。

就目前的光开关发展现状而言，按照光束在开关中传输的媒质来分类，可分为自由空间型和波导型光开关。自由空间型光开关主要是利用各种透射镜、反射镜和棱镜等折射镜的移动或旋转来进行开关动作。波导型光开关主要是利用波导的热光、电光或磁光的效应来改变波导的性质，从而实现开关动作。按照开关机理来分类，主要有机械光开关、热光开关和电光开关。在机械光开关中，包括以新型的微机械工艺为基础的微机械光开关。

光开关的性能主要表现在开关的插损、隔离度、消光比、偏振敏感性、开关时间、开关规模和开关尺寸等。光交叉连接和光交换对开关的要求主要有低插损（10 dB 以下）、低串扰（-50 dB 以下）、低开关时间（几个 ms 以下）以及无阻塞运作。机械开关在插损、隔离度、消光比和偏振敏感性方面都有很好的性能，但它的开关尺寸比较大，开关动作时间比较长，一般为几十毫秒到毫秒量级，而且机械开关不易集成为大规模的矩阵数组。对波导开关而言，它的开关速度在毫秒到亚毫秒量级，体积非常小，而且易于集成为大规模的矩阵开关数组，但其插损、隔离度、消光比、偏振敏感性等指标都比较差。近年来，在热光开关的研究上取得了重大的成果，同时也产生了一种微电子机械技术。它是机械开关的原理，但又能像波导开关那样集成在单片硅基底上，因此兼有机械光开关和波导光开关的优点，又克服了它们所固有的缺点。一般来讲，自由空间光开关的损耗较导波器件的损耗更低,基于电光效应的光开关较基于机械的开关速度更快一些。

在光交叉连接及需要大规模支持大容量交换的系统中,基于 MEMS 技术的解决方案似乎已是主要潮流。MEMS 的基本原理是通过静电的作用使微镜面发生转动,从而改变输入光的传播方向。目前普遍使用的微镜面只能实现两种状态,因此交换容量受到限制。一些公司正在积极开发所谓的三维光开关,即可以实现微镜面连续转动的产品以实现更大的交叉连接。

在 MEMS 技术受到追捧的同时,基于液晶技术的光开关也已面市。液晶器件的工作原理是基于电光效应对传输光的偏振状态进行控制,使一路偏振光被反射而另一路可以通过。液晶的电光系数很高,是铌酸锂的几百万倍,使液晶成为最有效的光电材料。液晶技术开关具有速度可达毫秒级、频道间隔度 40 ~ 50 dB 而且不要求温度控制等诸多优点。

另外还有液体光栅开关。液体光栅技术是前面所说的液晶技术和电子全息开关技术的一个综合产物,现在这种技术只有 Digilens 公司掌握。这种光开关基于布拉格光栅技术,加上电压时,光栅消失,晶体是全透明的,光信号直接通过光波导。如果没有电压,光栅就把一个特定波长的光反射到输出端口,这意味着这种光栅具有两种功能:取出光束中某个波长并实现交换。Digilens 公司声称这种光开关的响应时间为 100 ns,插损小于 1 dB。由于能从一束光中交换其中单个波长,所以比较适用于 OADM。

(2) 光开关的应用

光开关在光交换网络中的应用主要表现在以下几个方面:

① 用于 OXC 光交叉连接节点中的光交换。OXC 是光网络的核心节点,是实现从 WDM 传输到 WDM 网络过渡的关键。OXC 主要由解复用单元、复用单元和交换单元组成,交换单元由开关矩阵来实现。若光网络有 $N$ 条链路,每条链路有 $M$ 个波长信道,则在交换单元中,就需要有一个 $MN \times MN$ 矩阵开关或 $N$ 个 $M \times M$ 的矩阵开关来实现光交换。由于单链路复用的波长数目越来越多,目前商用化已经可以达到 100 路以上,但目前成熟的技术,对于大数目的光交换所需的光开关技术还不成熟。即便光开关有了一定的集成规模,但性能上完全符合 OXC 的要求,还有很大差距。由于热光开关和微机械光开关有可能得到很大的交换规模,而且性能也较好,因此它们(尤其是微机械光开关)很可能成为解决制约 OXC 交换数量问题的难点。

② 用于 OADM 光交叉连接节点中的光交换。OADM 是光网络中的另一主要交换节点。与 OXC 相比,它主要用于实现波长信道的上下路功能,其结构也是由解复用、复用和交换单元组成。OADM 与 OXC 相比,规模较小,因此相对也比较成熟。

③ 用于 OXC 和 OADM 中的光路指配功能。在 OADM 和 OXC 节点中,除了复用/解复用和交换单元外,在上路和下路端口还需要具有波长路由的指配功能。即对上路的信号,不论其原来的波长值是多少,都应该能够以线路中的任一波长上路。这必须有光开关的参与才能顺利完成。

④ 用于光网络的自动保护倒换和恢复。自动保护倒换和恢复能力是光网络的一大

突出特点,而光开关也是光网络中自动保护倒换的核心器件。

## 【实验步骤】

图 7.5.1 所示为某一种机械式 $1 \times 2$ 的光开关。光开关是一种光路转换器件。光开关是一种具有一个或多个可选的传输端口的光学器件,其作用是对光传输线路或集成光路中的光信号进行物理切换或逻辑操作。

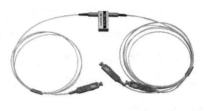

图 7.5.1 光开关

## 【实验报告】

给出光开光器在隔离度、消光比方面的性能测试报告。

# 实验 7.6 光调制器件(激光器和探测器)认知(选做)

## 【实验目的】

(1)了解激光器和探测器的原理。

(2)了解 LED 与 LD 的区别。

(3)了解 PIN 光检测器和 APD 光检测器的区别。

## 【实验器材】

25 号模块                                                                                        1 块

## 【实验原理】

(1)激光器简介

LED 和 LD 有许多相同点。两种器件都以正向偏置方式工作;发射光都是空穴与电子在启动区 PN 结中复合过程引起的。下面就工作机理、发射功率、频谱宽度、工作速度、线性度、可靠性等几个方面进行分析比较,如图 7.6.1 所示。

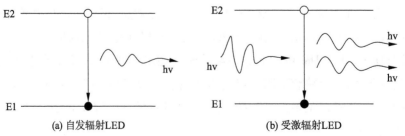

(a) 自发辐射LED          (b) 受激辐射LED

图 7.6.1 发光机理

光发射二极管 LED:自然发光,导电中电子自发的放出一个光子,然后进入价带。

激光二极管 LD:受激发光,外部光子激励导带中过剩电荷载流子,使其产生光辐射,然后进入价带,受激发光是相干光。

① 光/电流特性

光发射二极管 LED:无电流门限值,在很低电流下($I<50$ mA)可以有效发光,随着电流上升,光功率增加,如图 7.6.2 所示。

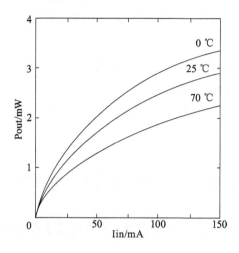

**图 7.6.2　LED 光/电流特性**

激光二极管 LD:是一种门限器件,在达到门限值之前,发光的光功率很低并且是非相干光,在门限电流以上,光功率迅速增加,并且产生的是相干光。光功率的增加速率比 LED 大一个数量级,如图 7.6.3 所示。

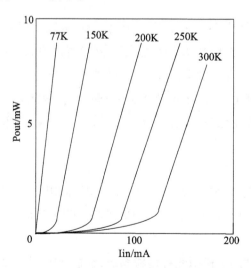

**图 7.6.3　LD 光/电流特性**

② 发射光功率

光发射二极管 LED:工作电流 50~300 mA,端压降 1.5~2.5 V,发射光功率 1~

10 mW,入纤功率几十至几百 μW。

激光二极管 LD:工作电流 20 ~ 100 mA,端压降 1.5 ~ 2 V。随着电流增加,光功率迅速上升,微分效率可达 $\eta = 0.2$ W/A,耦合入纤效率可达90%。入纤光功率可达几个 mW。

③ 光功率密度与光源辐射图

光发射二极管 LED:在各向同性辐射情况下,产生约4W/cm$^2$。

激光二极管 LDDD:在发射窗口的光功率密度典型值达 1 MW/cm$^2$,因此反射镜面对于环境因素非常灵敏,必须加有效的保护措施,使尘埃、湿气不能进入。

④ 频谱宽度

发光二极管 LED:在 0.8 μm 波长处,谱宽约为 50 nm,折合成频带宽度为 60 ~ 120 MHz。在 1.3 μm 波长达 1 GHz。

激光二极管 LD:在 0.8 μm 波长处,谱宽 2 ~ 3 nm,折合成频带宽度为 1 GHz;在 1.3 μm 处,100 GHz 左右。

⑤ 调制频率

发光二极管 LED:上升时间为 2 ~ 50 ns,相当于 3 dB 带宽为 7 ~ 175 MHz。目前使用的极限调制速率为 140 Mb/s。

激光二极管 LD:上升时间为 1 ns 或更短,调制极限频率达 10 GHz。

⑥ 线性度及热特性

a. 线性度

发光二极管 LED:线性度好于 LD,产生非线性的原因是由于结热和模的不稳定性。

激光二极管 LD:在门限电流以下,情况与 LED 相似,门限电流以上,线性度很差。

b. 热稳定性

发光二极管热稳定性比 LD 好,温度每上升一度(K),发射光功率减少 0.7%。可以用调整偏置电流的办法来补偿光功率产生的下降(负温度系数 -1%/℃)。

激光二极管 LD:温度稳定性比 LED 差。随温度上升,特性曲线向右平移,门限电流是温度的函数,随着温度上升,门限电流上升 +1%/℃。因此只要温度增加几度,就可以导致激光发射终止,温度变化 30 ℃,门限电流可增加 30 mA。为稳定光功率输出,必须有控温措施。

⑦ 可靠性

发光二极管 LED:在 70 ℃ 结温下,大于 $10^8$ 小时,商用产品 $10^7$ 小时以上。

激光二极管 LD:在 30 ℃ 结温下,大于 $10^7$ 小时,商用产品 $10^6$ 小时以上。

⑧ 适用范围

发光二极管 LED:适用于模拟光纤传输系统,也适于中、小距离数字光通信系统,性能稳定,价格便宜,寿命长。

激光二极管 LD:用于大容量、中长距离数字光纤通信系统,速率可达 5 Gbit/s 以上。

（2）光检测器简介

光检测器（Photo Detector）又称光探测器或光检波器。按其工作原理可分为热器件和光子器件两大类。前者是吸收光子使器件升温，从而探知入射光能的大小；后者则是将入射光转化为电流或电压，通过光子－电子的量子转换形式来完成光的检测。热器件对入射波长无选择性，能在很宽的波长范围内对光波产生均匀的响应。

① PIN 光检测器

在 PN 节之间插入一层掺杂或轻度掺杂的半导体，中间基本由本征材料组成，这种结构称为 PIN 光电二极管。如图 7.6.4 所示，因为相对 P 区和 N 区来说，I 层是高电阻区，工作时，反向偏置电压中的绝大部分降落在 I 层上，相应的场强也大，整个中间层地带都成了耗尽层，因此改变中间层的厚度就可以改变耗尽层的宽度。这种类型的光电二极管与 PN 光电二极管的主要区别在于漂移而非扩散因子在光电流中取得了支配地位（因为大部分的输入光功率都被 PIN 光电二极管中的 I 层吸收了）。

**图 7.6.4　PIN 管结构图**

表 7.6.1 反映了各种类型 PIN 光电二极管的特性参数。

**表 7.6.1　PIN 光电二极管的特性参数**

| 参　数 | 符　号 | 单　位 | Si | Ge | InGaAs |
|---|---|---|---|---|---|
| 波长 | $\lambda$ | μm | 0.4～1.1 | 0.8～1.8 | 1.0～1.7 |
| 回应度 | $R$ | A/W | 0.4～0.6 | 0.5～0.7 | 0.6～0.9 |
| 量子效率 | $\eta$ | % | 75～90 | 50～55 | 60～70 |
| 暗电流 | $I_d$ | nA | 1～10 | 50～500 | 1～20 |
| 上升时间 | $T_r$ | ns | 0.5～1 | 0.1～0.5 | 0.05～0.5 |
| 带宽 | $\Delta f$ | GHz | 0.3～0.6 | 0.5～3 | 1～5 |
| 偏置电压 | $V_b$ | V | 50～100 | 6～10 | 5～6 |

② APD 光检测器

APD 在设计上不同于 PIN 光电二极管之处主要在于它比 PIN 二极管多了一层。在这多加的一层中，通过碰撞电离效应（这是 APD 能产生内部电流增益的物理基础）可以产生二次电子－空穴对。图 7.6.5 显示了 APD 的结构及不同层中电场的变化。反向偏置条件下，I 区和 N⁺ 区中夹着高场强的 P 区。因为这一层将产生二次电子－空穴对，因此称为倍增层。I 区仍然作为耗尽层，吸收大部分的入射光子来产生基本的电子－空穴对。I 区产生的电子通过倍增层后将产生带来电流增益的二次电子－空穴对。当输入功率很小时，可以使用 APD。

**图 7.6.5　APD 的结构及不同层中电场变化**

表 7.6.2 反映了各种类型 APD 光电二极管的特性参数:

**表 7.6.2　APD 光电二极管的特性参数**

| 参　数 | 符　号 | 单　位 | Si | Ge | InGaAs |
|---|---|---|---|---|---|
| 波长 | $\lambda$ | μm | 0.4 ~ 1.1 | 0.8 ~ 1.8 | 1.0 ~ 1.7 |
| 回应度 | $R$ | A/W | 80 ~ 130 | 3 ~ 30 | 5 ~ 20 |
| APD 增益 | $M$ | – | 100 ~ 500 | 50 ~ 200 | 10 ~ 40 |
| k 因子 | $k_A$ | – | 0.02 ~ 0.05 | 0.7 ~ 1.0 | 0.5 ~ 0.7 |
| 暗电流 | $I_d$ | nA | 0.1 ~ 1 | 50 ~ 500 | 1 ~ 5 |
| 上升时间 | $T_r$ | ns | 0.5 ~ 1 | 0.1 ~ 0.5 | 0.05 ~ 0.5 |
| 带宽 | $\Delta f$ | GHz | 0.2 ~ 1.0 | 0.4 ~ 0.7 | 1 ~ 3 |
| 偏置电压 | $V_b$ | V | 200 ~ 250 | 20 ~ 40 | 20 ~ 30 |

## 【实验步骤】

如图 7.6.6 和图 7.6.7 所示,带三个引脚输出的便是激光器,PIN 探测器和外观与激光器相似。

激光二极管有三个管脚:① LD 发射端;② PD 接收端;③ LD – N 公共端。

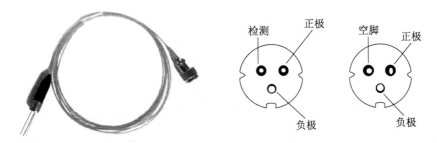

**图 7.6.6　LD 激光器和 PIN 探测器**

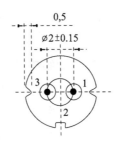

**图 7.6.7　底部视图和引脚功能**

## 【实验报告】

给出激光器与光探测器的本质区别。

# 实验 7.7　光衰减器认知及性能测试（选做）

## 【实验目的】

（1）认知光衰减器和了解其工作原理。
（2）了解和熟悉光衰减器的性能以及使用方法。

## 【实验内容】

（1）了解光衰减器的原理和应用。
（2）测量固定或可变衰减器的衰减量。

## 【实验器材】

| | |
|---|---|
| （1）主控 & 信号源模块、25 号模块 | 各 1 块 |
| （2）23 号模块（光功率计） | 1 块 |
| （3）光纤跳线 | 2 根 |
| （4）连接线 | 若干 |
| （5）光衰减器（固定或可变） | 1 个 |

## 【实验原理】

（1）实验原理框图（见图 7.7.1 和图 7.7.2）

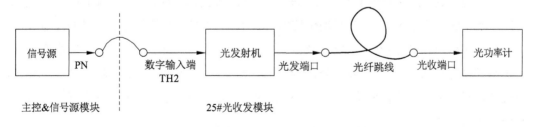

图 7.7.1　未加衰减器的光发射功率测量框图

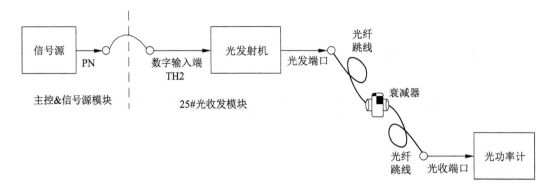

**图 7.7.2　加入衰减器的光发射功率测量框图**

（2）实验框图说明

本实验主要测量光衰减器对系统功率衰减的情况,从而了解光衰减器的基本参数性能。

从光功率组成框图中可看出,系统自带的功率计由三部分组成,分别为前端的光电转换、中间的功率参数计算、末端的功率值显示。

实验时先观测未加入光衰减器的光发功率值 $P_1$,再观测加入衰减器后的功率值 $P_2$,从而计算衰减器实际衰减值 $= P_2 - P_1$。

需要注意的是,在测量过程中注意根据所使用的光发射波长选择对应波长的光功率计,连接光纤跳线时需关电并且小心操作。

（3）光衰减器认知及应用

光衰减器时用于对光功率进行衰减的器件,主要用于光纤系统的指标测量、短距离通信系统的信号衰减以及系统试验等场合。光衰减器要求重量轻、体积小、精度高、稳定性好、使用方便等。根据衰减量是否变化,可以固定衰减器和可变衰减器。

根据光信号在光纤传输过程中可能因散射、吸收以及弯曲等条件出现的损耗,可以通过多种原理完成光衰减器的制作。比如采用空气隔离技术,在光纤之间加入一定厚度的衰减片制作法兰式固定衰减器;采用位移错位技术,将两根光纤的纤芯进行微量平移错位达到功耗效果,制作连接器式固定衰减器;采用衰减光纤技术,在纤芯内参杂金属离子,制作阴阳式固定衰减器;采用吸收玻璃法,利用经光学抛光的中性吸收玻璃片,制作固定或可变衰减器。除了上述机械式方法完成衰减的可调性以外,还可以采用固态光衰减技术制作衰减器。

光衰减器有几个特性:衰减量和插入损耗、衰减精度、回波损耗。固定衰减器的衰减量指标实际上就是其插入损耗;可变衰减器除了衰减量还有单独的插入损耗指标,高质量的插损在 1.0 dB 以下。一般情况下,普通可变衰减器的该指标小于 2.5 dB 即可使用。衰减精度取决于精密加工程度,精度越高价格相对越高。光衰减器的回波损耗是指入射到光衰减器中的光能量和衰减器中沿入射光路反射出的光能量之比。

## 【注意事项】

（1）在实验过程中切勿将光纤端面对着人眼，切勿带电进行光纤跳线的连接。

（2）不要带电插拔信号连接导线。

## 【实验步骤】

（1）系统关电，参考测量原理框图 7.7.2，按下面说明依次连线。

① 用连接线将主控信号源模块的 PN 序列连接至 25 号模块的 TH2 数字输入端。

② 用光纤跳线连接 25 号模块的光发端口和光收端口，此过程是将电信号转换为光信号，经光纤跳线传输后再将光信号还原为电信号。注意：连接光纤跳线时需定位销口方向且操作小心仔细，切勿损伤光纤跳线或光收发端口。

③ 用同轴连接线将 25 号模块的 P4 光探测器输出端连接至 23 号模块的 P1 光探测器输入端。将 23 号模块的拨码开关 S3 拨为"外部"，此时是用于光功率计单元测量未加入衰减器的光发射机输出的光功率。

（2）设置 25 号模块的功能初状态。

① 将收发模式选择开关 S3 拨至"数字"，即选择数字信号光调制传输。

② 将拨码开关 J1 拨至"ON"，即连接激光器；拨码开关 APC 此时选择"ON"或"OFF"都可，即 APC 功能可根据需要随意选择。

③ 将功能选择开关 S1 拨至"光功率计"，即选择光功率计测量功能。

（3）进行系统联调和观测。

① 打开系统和 23 号、25 号模块的电源开关。

② 设置主控 & 信号源模块的主菜单，选择"光功率计"；通过选择和单击"选择/确认"多功能旋钮，可以切换功率计的测量波长；根据实际使用的光收发模块的波长类型，选择波长"1310 nm"或"1550 nm"。

③ 适当调节 25 号模块的 W4 输出光功率大小旋钮，记录当前输出功率值 $P_1$。

④ 关电，参考测试框图 7.7.2，在 25 号模块的光发端口和光收端口之间加入光衰减器。具体操作方法：先拆除光纤跳线与光接收端口的连接，然后将此光纤跳线与待测光衰减器的一端连接，最后用另一根光纤跳线将待测光衰减器的另一端与 25 号模块的光收端口连接即可。

⑤ 再模块开电，选择菜单功能以及功率计波长，记录此时功率值 $P_2$。

⑥ 对于固定衰减器来说，其衰减量 $= P_1 - P_2$。

对于可调衰减器来说，可以适当改变不同的衰减量，记录数据并填入表 7.7.1。

表 7.7.1　数值记录

| 输入功率 $P_{in}$/dBm | | | | | | | | |
|---|---|---|---|---|---|---|---|---|
| 输入功率 $P_{in}$/μw | | | | | | | | |
| 输出功率 $P_{out}$/dBm | | | | | | | | |
| 输出功率 $P_{out}$/μw | | | | | | | | |
| 衰减值 | | | | | | | | |

## 【实验报告】

记录实验数据,进行误差分析。

# 第 8 章

# 光发射机和接收机性能测试

## 实验 8.1　光发射机组成（认知）

### 【实验目的】

了解光源的调制原理和方法。

### 【实验器材】

25 号模块　　　　　　　　　　　　　　　　　　　　　　　　　1 块

### 【实验原理】

（1）光调制的分类

根据调制与光源的关系，光调制可以分为直接调制和间接调制两大类。直接调制方法仅适用于半导体光源（LD 和 LED）。这种方法是把要传送的信息转变为电信号，并注入 LD 或 LED，从而获得相应的光信号。直接调制后的光波电场振幅的平方与调制信号成一定比例关系，是一种光强度调制（IM）的方法。

间接调制是利用晶体的光电效应、磁光效应、声光效应等性质来实现对激光辐射的调制。这种调制方式也适应于其他类型的激光器。间接调制是最常用的外调制的方法，即在激光形成以后加载调制信号。对某些类型的激光器，间接调制也可以采用内调制的方法，即在激光器的谐振腔内放置调制组件，用调制信号控制调制组件的物理性质，将改变谐振腔的参数，从而改变激光输出特芯以实现其调制。

光源的调制方法及所利用的物理效应见表 8.1.1。

表 8.1.1  光源的各种调制方法

| 调制方式 | 调制法 | 所利用的物理效应 |
|---|---|---|
| 间接调制 | 电光调制 | 电光效应(普科克效应、克尔效应) |
| | 磁光调制 | 磁光效应(法拉第电磁场偏转效应) |
| | 声光调制 | 声光效应(拉曼·布拉格衍射效应) |
| | 其他 | 自由载流子吸收效应、共振吸收效应等 |
| 直接调制 | 电源调制 | |

本实验系统采用的是直接调制的方法。

(2) 模拟信号调制与数字信号调制

模拟信号调制是直接用连续的模拟信号(如话音、电视等信号)对光源进行调制,从而使 LED 或 LD 的输出光功率跟随模拟信号变化,如图 8.1.1 所示。

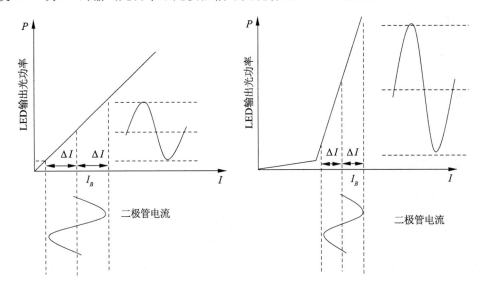

图 8.1.1  LED 和 LD 的模拟调制

由于光源,尤其是激光器的非线性比较严重,所以目前模拟光纤通信系统仅仅用于对线性要求较低的地方,要实现大容量的频分复用还比较困难,仅在一些小系统中使用。对一些容量较大、通信距离较长的系统,多采用对半导体激光器进行数字调制的方式。

数字调制主要是用数字信号的"1"和"0"来控制激光的"有"和"无",如图 8.1.2 所示。

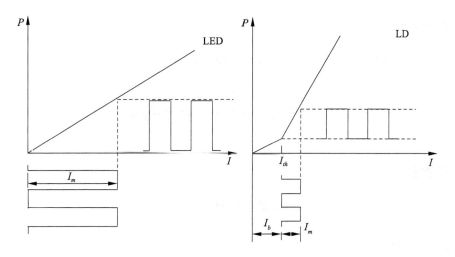

**图 8.1.2　*P – I* 特性曲线与波形图**

与 LED 相比,LD 的调制问题要复杂得多,尤其在高速率调制系统中,驱动条件的选择、调制电路的形成和工艺、激光器的控制等,都对调制性能至关重要。

（3）光发射机模拟部分与数字部分的实现

1310 nm 和 1550 nm 光发射机具有相同的结构。它们是由模拟光发和数字光发部分组成,其框图分别如图 8.1.3 和图 8.1.4 所示。

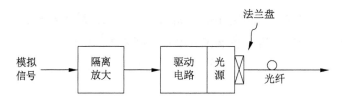

**图 8.1.3　模拟光发电路框图**

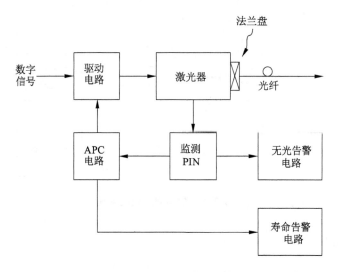

**图 8.1.4　数字光发电路框图**

## 【实验报告】

总结光发射机模拟部分与数字部分的实现过程。

# 实验8.2 自动光功率控制

## 【实验目的】

熟悉和掌握自动光功率控制电路的工作原理。

## 【实验器材】

(1) 主控 & 信号源模块、2 号模块、25 号模块　　　　　　　　　　　各一块
(2) 23 号模块(光功率计)　　　　　　　　　　　　　　　　　　　一块
(3) 光纤跳线、连接线　　　　　　　　　　　　　　　　　　　　若干
(4) 万用表　　　　　　　　　　　　　　　　　　　　　　　　一个

## 【实验原理】

激光器输出光功率与温度和老化效应密切相关。保持激光器输出光功率稳定,可以用光回馈来自动调整偏置电流。数字光发电路如图8.2.1所示。

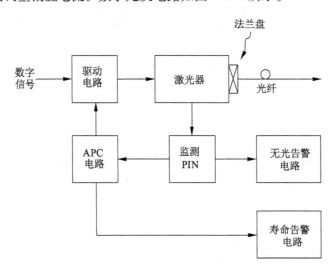

图 8.2.1　数字光发电路框图

## 【实验步骤】

(1) 关闭系统电源,按如下说明连线:

①　用连接线将 2 号模块 TH7(DoutD)连至 25 号光收发模块的 TH2(数字输入),并把 2 号模块的拨码开关 S4 设置为"ON",使输入信号为全 1 电平。

②　光功率计搭建方法(注:本平台的内置光功率计功能有两种搭建方式,详细可参考实验基本功能介绍中关于光功率计使用说明的相关内容。这里我们以所用到的方式二为例进行操作):用光纤跳线连接 25 号光发送接口和光接收接口;用同轴电缆连接 25 号模块的光探测器输出 P4 连接 23 号模块的光探测器输入 P1;同时,将 23 号模块的拨码开关 S3 拨至"外部",将 25 号模块的功能选择开关 S1 拨至"光功率计"。

(2)　将 25 号光收发模块的电位器 W4 和 W2 顺时针旋至底,即设置光发射机的输出光功率为最大状态;开关 S3 拨为"数字",即数字光发。

(3)　模块开电,设置主控模块菜单,选择"主菜单"→"光纤通信"→"自动光功率控制",可以进入"光功率计"功能。通过选择和单击"选择/确认"多功能旋钮,可以切换功率计的测量波长;根据实际使用的光收发模块的波长类型,选择波长"1310 nm"或"1550 nm"。

(4)　按如下操作并记录数据。

①　无 APC 控制的观测:将开关 J1 拨为"10",即无 APC 控制状态。逆时针调节功率微调旋钮 W2,记录输出光功率值 $P_1$ 的变化范围。

②　有 APC 控制的观测:将开关 J1 拨为"11",即有 APC 控制状态。逆时针调节功率微调旋钮 W2,记录输出光功率值 $P_2$ 的变化范围。同时将万用表的表笔分别接至测试端口 TP3 和 TP4,即电阻 $R_{20}$ =1 kΩ 的两端,用电压挡观测并记录 W2 调节过程中 $R_{20}$ 两端电压 $U$ 的变化情况,再计算 APC 补偿电流 $I$ 的变化情况。

③　分析测得的数据,比较开启 APC 与未开启时的变化范围,分析开启 APC 后微调输出功率时 APC 补偿电流的变化对光发射机的影响。

注:25 号模块测试点 TP4 的电压,在出厂前已通过电位器 W1 进行调节,初始状态应为 1.5 V 左右。

## 【实验报告】

1. 填写实验数据(见表 8.2.1),并分析 APC 功率控制对光发射机的影响。

表 8.2.1　数据记录

|  | 1 | 2 | 3 | 4 | 5 | 6 | 7 |
|---|---|---|---|---|---|---|---|
| $P_1$(无 APC) |  |  |  |  |  |  |  |
| $U$(无 APC) |  |  |  |  |  |  |  |
| $I$(无 APC) |  |  |  |  |  |  |  |
| $P_2$(有 APC) |  |  |  |  |  |  |  |
| $U$(有 APC) |  |  |  |  |  |  |  |
| $I$(有 APC) |  |  |  |  |  |  |  |

# 实验 8.3　无光告警和寿命告警电路测试

## 【实验目的】

(1) 了解和掌握无光告警和寿命告警电路的工作原理。

(2) 测量相关特征测试点的参数。

## 【实验器材】

(1) 主控 & 信号源模块、2 号模块、25 号模块　　　　　　　　　　各一块

(2) 光纤跳线、连接线　　　　　　　　　　　　　　　　　　　　若干

(3) 万用表　　　　　　　　　　　　　　　　　　　　　　　　　一个

## 【实验原理】

(1) 寿命告警电路框图(见图 8.3.1)

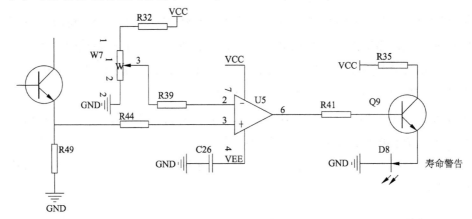

**图 8.3.1　寿命告警电路**

(2) 寿命告警电路说明

如图 8.3.1 所示,寿命告警电路是利用自动光功率控制电路输出的补偿电流和寿命警告电路的门限电压进行比较,然后由运算放大器输出端驱动三极管 Q9,最后由无光告警指示灯来指示激光器已经老化到要替换的程度(灯亮表示寿命告警)。

我们可以通过调节 W7 改变寿命告警的门限电压,设定补偿电流达到什么程度时说明激光器已经老化到要替换。

（3）无光告警电路框图（见图 8.3.2）

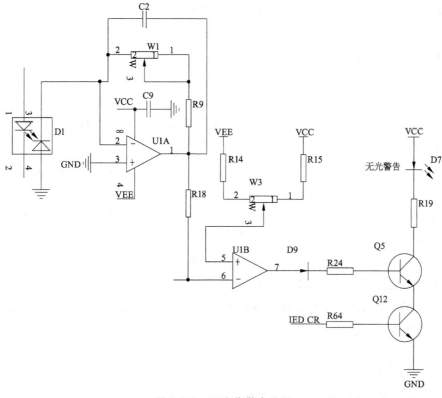

**图 8.3.2　无光告警电路图**

（4）无光告警电路说明

如图 8.3.2 所示，无光告警电路是利用光电探测器输出的电压与参考电压相比较，然后由运算放大器输出端驱动三极管 Q5，最后由无光告警指示灯来指示有无光（灯亮表示无光告警，灯熄表示有光）。

在这里，无光告警并不一定指没有光才告警，还可以通过调整 W3 改变无光告警的门限电压使在探测到的电压达不到门限电压的情况下告警（指示灯亮）。通过调节 W1 可以改变光电探测器的灵敏度。

**【实验步骤】**

（1）任务一　无光告警实验

① 关闭系统电源，按如下说明连线和设置：

a. 用连接线将 2 号模块 TH7（DoutD）连至 25 号光收发模块的 TH2（数字输入），并把 2 号模块的拨码开关 S4 设置为"ON"，使输入信号为全 1 电平。

b. 开关 S3 拨为"数字"，即数字光发。将开关 J1 拨为"11"，即有 APC 控制的光发射机输出状态。

② 模块开电，分别调节光发模块的电位器 W4（数字光调制的输出功率大小的调节旋

钮,顺时针旋转为光功率增大)和 W3(无光告警电路门限电压大小的调节旋钮)。观察各电阻的阻值变化对无光告警指示灯亮灭状态的影响。

注:此实验完毕,请顺时针调整 W3 到底(到终止位时会调不动)进行复位,以免影响其他实验步骤的开展。

(2)任务二 寿命告警实验

① 关闭系统电源,按如下说明进行连线和设置:

a. 用连接线将 2 号模块 TH7(DoutD)连至 25 号光收发模块的 TH2(数字输入),并把 2 号模块的拨码开关 S4 设置为"ON",使输入信号为全 1 电平。

b. 开关 S3 拨为"数字",即数字光发。将开关 J1 拨为"11",即有 APC 控制的光发射机输出状态。

② 模块开电,分别调节光发模块的电位器 W4(数字光调制的输出功率大小的调节旋钮,顺时针旋转为光功率增大)和 W7(寿命告警电路门限电压大小的调节旋钮)。观察各电阻的阻值变化对寿命告警指示灯亮灭状态的影响。

说明:无光告警灯亮时,如图 8.3.2 所示。

注:此实验完毕,也请逆时针调整 W7 到底(到终止位时会调不动)进行复位,以免影响其他实验步骤的开展。

## 【实验报告】

(1)观测实验现象,思考实验状态变化的原因。

(2)思考如何设置无光告警和寿命告警的门限电压。

# 实验 8.4　光源的 $P$-$I$ 特性测试

## 【实验目的】

(1)了解半导体激光器 LD 的 $P$-$I$ 特性。

(2)掌握光源 $P$-$I$ 特性曲线的测试方法。

## 【实验器材】

(1)主控 & 信号源模块、2 号模块、25 号模块　　　　　　　　　　　　　　各一块

(2)23 号模块(光功率计)　　　　　　　　　　　　　　　　　　　　　　　一块

(3)光纤跳线、连接线　　　　　　　　　　　　　　　　　　　　　　　　若干

(4)万用表　　　　　　　　　　　　　　　　　　　　　　　　　　　　一个

## 【实验原理】

数字光发射机的指标包括半导体光源的 $P$-$I$ 特性曲线测试、消光比(EXT)测试和平

均光功率的测试。接下来的三个实验将对这三个方面进行详细的说明。

半导体激光器的输出光功率与驱动电流的关系如图 8.4.1 所示,该特性有一个转折点,相应的驱动电流称为门限电流(或称阈值电流),用 $I_{th}$ 表示。在门限电流以下,激光器工作于自发发射,输出荧光功率很小,通常小于 100 pW;在门限电流以上,激光器工作于受激发射,输出激光,功率随电流迅速上升,基本上成直线关系。激光器的电流与电压的关系相似于正向二极管的特性。

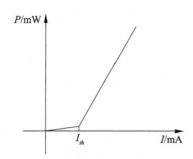

**图 8.4.1　LD 半导体激光器 $P - I$ 曲线示意图**

$P - I$ 特性是选择半导体激光器的重要依据。在选择时,应选阈值电流 $I_{th}$ 尽可能小,$I_{th}$ 对应 $P$ 值小,而且没有扭折点的半导体激光器。这样的激光器工作电流小,工作稳定性高,消光比大,而且不易产生光信号失真。且要求 $P - I$ 曲线的斜率适当。斜率太小,则要求驱动信号太大,给驱动电路带来麻烦;斜率太大,则会出现光反射噪声以及自动光功率控制环路调整困难的情况。

半导体激光器具有高功率密度和极高量子效率的特点,微小的电流变化会导致光功率输出发生变化,是光纤通信中最重要的一种光源。激光二极管可以看作一种光学振荡器,要形成光的振荡,就必须要有光放大机制,也即启动介质处于粒子数反转分布,而且产生的增益足以抵消所有的损耗。开始出现净增益的条件称为阈值条件。一般用注入电流值来标定阈值条件,也即阈值电流 $I_{th}$。当输入电流小于 $I_{th}$ 时,其输出光为非相干的荧光,类似于 LED 发出光;当电流大于 $I_{th}$ 时 ,则输出光为激光,且输入电流和输出光功率呈线性关系。该实验就是对该线性关系进行测量,以验证 $P - I$ 的线性关系。

**【实验步骤】**

(1) 关闭系统电源,按如下说明进行连线及设置:

① 用连接线将 2 号模块 TH7(DoutD)连至 25 号光收发模块的 TH2(数字输入),并把 2 号模块的拨码开关 S4 设置为"ON",使输入信号为全 1 电平。

② 光功率计搭建方法(注:本平台的内置光功率计功能有两种搭建方式,详细可参考实验基本功能介绍中关于光功率计的使用说明的相关内容。这里我们以所用到的方式二为例进行操作):用光纤跳线连接 25 号光发送接口和光接收接口;用同轴电缆连接 25 模块的光探测器输出 P4,连接 23 号模块的光探测器输入 P1;同时,将 23 号模块的拨码开关

S3 拨至"外部",将 25 号模块的功能选择开关 S1 应拨至"光功率计"。

（2）将开关 J1 拨为"10"，即无 APC 控制状态。开关 3 拨为"数字"，即数字光发。

（3）将 25 号光收发模块的电位器 W4 和 W2 顺时针旋至底，即设置光发射机的输出光功率为最大状态。

（4）模块开电，设置主控模块菜单，选择"主菜单"→"光纤通信"→"光源的 $P-I$ 特性测试"，可以进入"光功率计"功能。通过选择和单击"选择/确认"多功能旋钮，可以切换功率计的测量波长；根据实际使用的光收发模块的波长类型，选择波长"1310 nm"或"1550 nm"。

（5）用万用表测量 $R_7$ 两端的电压（测量方法：先将万用表打到电压挡，然后将红表笔接 TP3，黑表笔接 TP2）。读出万用表读数 $U$，代入公式 $I=U/R_7$，其中 $R_7=33\ \Omega$，读出光功率，记读数 $P$。

调节功率输出 W4，将测得的参数填入表 8.4.1（请根据具体数据作延伸）。

**表 8.4.1　实验数据记录**

| 1310 nm | | | | | | | |
|---|---|---|---|---|---|---|---|
| $P/\text{uW}$ | | | | | | | |
| $u/\text{V}$ | | | | | | | |
| $I/\text{A}$ | | | | | | | |
| 1550 nm | | | | | | | |
| $P/\text{uW}$ | | | | | | | |
| $u/\text{V}$ | | | | | | | |
| $I/\text{A}$ | | | | | | | |

【实验报告】

根据实验数据，绘制光源 $P-I$ 特性曲线。

# 实验 8.5　光发射机消光比测试

【实验目的】

（1）了解数字光发射机的消光比的指标要求。

（2）掌握数字光发射机的消光比的测试方法。

【实验器材】

（1）主控 & 信号源模块、2 号模块、25 号模块　　　　　　　　　　各一块

（2）23 号模块（光功率计）　　　　　　　　　　　　　　　　　　一块

（3）光纤跳线、连接线　　　　　　　　　　　　　　　　　　　　若干

## 【实验原理】

消光比定义为

$$EXT = 10\lg\frac{P_{00}}{P_{11}}$$

式中，$P_{00}$ 是光发射机输入全"0"时输出的平均光功率，即无输入信号时的输出光功率；$P_{11}$ 是光发射机输入全"1"时输出的平均光功率。

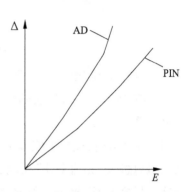

**图 8.5.1　消光比对灵敏度的影响图**

　　从激光器的注入电流（$I$）和输出功率（$P$）的关系，即 $P-I$ 特性，可以清楚地看出消光比的物理概念，如图 8.5.1 所示。

　　当输入信号为"0"时，光源的输出光功率为 $P_{00}$，它将由直流偏置电流 $I_b$ 来确定。无信号时，光源输出的光功率对接收机来说是一种噪声，将降低光接收机的灵敏度。因此，从接收机角度考虑，希望消光比越小越好。但是，当 $I_b$ 减小时，光源的输出功率将降低，光源的谱线宽度增加，同时还会对光源的其他特性产生不良影响，因此必须全面考虑 $I_b$ 的影响，一般取 $I_b = (0.7 \sim 0.9)I_{th}$（$I_{th}$ 为激光器的阈值电流）。在此范围内，能比较好地处理消光比与其他指标之间的矛盾。考虑各种因素的影响，一般要求发送机的消光比不超过 0.1。在光源为 LED 的条件下，一般不考虑消光比，因为它不加直流偏置电流 $I_b$，电信号直接加到 LED 上，无输入信号时的输出功率为零。因此，只有以 LD 作光源的光发射机才要求测试消光比。

## 【实验步骤】

（1）关闭系统电源，按如下说明连线：

① 用连接线将 2 号模块 TH7（DoutD）连至 25 号光收发模块的 TH2（数字输入）。

② 光功率计搭建方法（注：本平台的内置光功率计功能有两种搭建方式，详细可参考实验基本功能介绍中关于光功率计的使用说明的相关内容。这里我们以所用到的方式二为例进行操作）：用光纤跳线连接 25 号光发送接口和光接收接口；用同轴电缆连接 25 模块的光探测器输出 P4，连接 23 号模块的光探测器输入 P1；同时，将 23 号模块的拨码开关 S3 拨至"外部"，将 25 号模块的功能选择开关 S1 应拨至"光功率计"。

　　如图 8.5.2 所示，光功率计由主控 & 信号源模块、23 号模块和 25 号模块组成。其中，光发送信号输入到 25 号模块的光收接口，由 25 号模块的光接收机单元完成光→电转换处理；25 号模块的光探测器输出 P4 信号送至 23 号模块的光探测器输入 P1 端，再由 23

号模块完成功率值换算,最后经主控 & 信号源模块的液晶屏显示功率值。

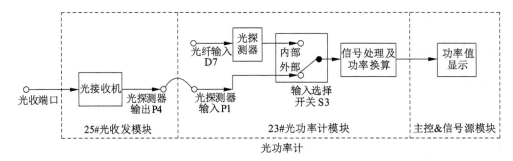

**图 8.5.2 光功率计模块图**

(2)将开关 J1 拨为"10",即无 APC 控制状态。开关 S3 拨为"数字",即数字光发。

(3)将 25 号光收发模块的电位器 W4 和 W2 顺时针旋至底,即设置光发射机的输出光功率为最大状态。

(4)模块开电,设置主控模块菜单,选择"主菜单"→"光纤通信"→"光发射机消光比测试",可以进入"光功率计"功能。通过选择和单击"选择/确认"多功能旋钮,可以切换功率计的测量波长;根据实际使用的光收发模块的波长类型,选择波长"1310 nm"或"1550 nm"。

(5)将 2 号模块的拨码开关 S4 设置为"ON",使输入信号为全 1 电平。测得此时光发端机输出的光功率为 $P_{11}$。

(6)将 2 号模块的拨码开关 S4 设置为"OFF",使输入信号为全 0 电平。测得此时光发端机输出的光功率为 $P_{00}$。

(7)代入公式 $EXT = 10\lg\dfrac{P_{00}}{P_{11}}$,即得光发射机消光比。

(8)调节 W4,改变各参数,并将所测数据填入表 8.5.1。

**表 8.5.1 实验数据记录**

| $P_{00}/\mu W$ | | | | | | |
|---|---|---|---|---|---|---|
| $P_{11}/\mu W$ | | | | | | |
| $EXT$ | | | | | | |

当输入信号为全 1 码时,激光器输出的是最大发送光功率。可对比理解下一个实验的知识点"平均发送光功率"。

## 【实验报告】

根据实验数据,给出结果分析。

# 实验 8.6　光发射机平均光功率测试

## 【实验目的】

（1）了解数字光发射机平均光功率的指标要求。

（2）掌握数字光发射机平均光功率的测试方法。

## 【实验器材】

（1）主控 & 信号源模块、25 号模块　　　　　　　　　　　　　　各一块

（2）23 号模块（光功率计）　　　　　　　　　　　　　　　　　　一块

（3）光纤跳线、连接线　　　　　　　　　　　　　　　　　　　　若干

## 【实验原理】

光发送机的平均输出光功率被定义为当发送机送伪随机序列时，发送端输出的光功率值。ITU – U 在规范标准光接口时，为使成本最佳，同时适应运行条件变化，并考虑了活动连接器的磨损、制造和测量容差以及老化因素的影响后，给出了一个允许的范围。其中，比较重要的激光器劣化机理是有源层的劣化和横向漏电流的增加所导致的激励电流增加，以及光谱特性随时间的变化。通常，光发送机的发送功率需要有 1 ~ 1.5 dB 的富余度。本实验将带领大家测量本实验系统发射的光功率。

## 【实验步骤】

（1）关闭系统电源，按如下说明连线：

① 用连接线将信号源 PN 连至 25 号光收发模块的 TH2（数字输入）。

② 光功率计搭建方法（注：本平台的内置光功率计功能有两种搭建方式，详细可参考实验基本功能介绍中关于光功率计的使用说明的相关内容。这里我们以所用到的方式二为例进行操作）：用光纤跳线连接 25 号光发送接口和光接收接口；用同轴电缆连接 25 模块的光探测器输出 P4，连接 23 号模块的光探测器输入 P1；同时，将 23 号模块的拨码开关 S3 拨至"外部"，25 号模块的功能选择开关 S1 应拨至"光功率计"。

（2）将开关 J1 拨为"10"，即无 APC 控制状态。开关 S3 拨为"数字"，即数字发光。将 25 号光收发模块的电位器 W4 和 W2 顺时针旋至底，即设置光发射机输出光功率为最大状态。

（3）模块开电，设置主控模块菜单，选择"主菜单"→"光功率计"，可以进入"光功率计"功能。通过选择和单击"选择/确认"多功能旋钮，可以切换功率计的测量波长；根据实际使用的光收发模块的波长类型，选择波长"1310 nm"或"1550 nm"。记录此时光功率

计的读数,即为光发射机的平均光功率。

# 实验8.7　光接收机的组成（认知）

## 【实验目的】

了解光接收机的组成。

## 【实验原理】

光接收机是把光纤送来的光信号变换为电信号,经过均衡放大、箝位、电位调整、整形后,送出相应的模拟或数字信号,如图8.7.1所示。

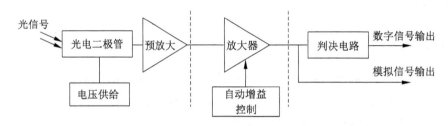

**图8.7.1　光接收机组成框图**

光检测器是光接收机的核心器件,又称为光探测器或光检波器。它的作用是将光信号转换成电信号。对光检测器的要求:光电转换效率高;噪声小;频带宽,使得光信号能高效率无失真地转换电信号。最简单的光检测器就是 PN 结,但它存在着许多缺点。光纤通信系统中,采用较多的是 PIN 光电二极管和 APD 雪崩光电二极管。PIN 光电二极管工作偏压低,使用容易,但没有内部增益,因此对接收机灵敏度要求高的系统,应选用 APD 雪崩光电二极管。

预放大器是光接收机的关键器件之一,它的主要作用是保持探测的电信号在放大时不失真地放大和保证噪声最小,直接影响接收机的灵敏度。光接收机的主要质量指针就是接收机的灵敏度。所谓接收机灵敏度,就是在保证特定的误码率(如10E－9)条件下所需的最小输入光功率。一般输入光功率(即接收光功率)是指整个码流平均的光功率。

图8.7.2所示的 D2 是光电探测器,光电检测器的功能是把光信号转换为电信号,以实现电的放大。

为了输入和输出有良好的阻抗匹配,还需配置阻抗匹配网络,Q12 具有阻抗匹配功能。

预放大由 Q13 完成,预放大电路是光接收机的关键器件之一,它直接影响接收机的灵敏度。光接收机的主要质量指针就是接收机的灵敏度。预放大电路着重保持优良的信噪比,将来自光电检测器的微弱电信号进行放大。

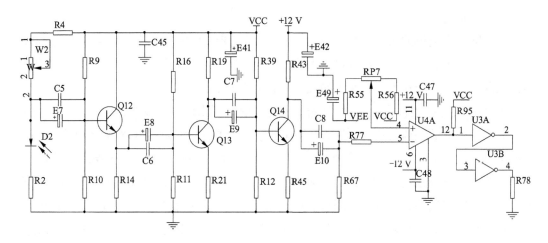

**图 8.7.2  光接收机电路原理图**

主放大器是由 Q14 完成的。

判决电路是由 U4A 完成的,U4A 采用的是比较器 LM319。其中判决门限是由电位器 RP4 调整的,如图 8.7.3 所示。

**图 8.7.3  3 幅度判决波形示意图**

# 实验 8.8  接收机灵敏度和动态范围测量

## 【实验目的】

(1) 了解和掌握光收端机灵敏度的指标要求和测试方法。

(2) 掌握误码仪的使用方法。

## 【实验器材】

(1) 主控 & 信号源模块、25 号模块　　　　　　　　　　　　　　　　各一块

(2) 23 号模块(光功率计 & 误码仪)　　　　　　　　　　　　　　　一块

(3) 光纤跳线、连接线　　　　　　　　　　　　　　　　　　　　　若干

## 【实验原理】

光接收机的性能指标主要包括灵敏度和动态范围。

（1）灵敏度

灵敏度是光端机的重要特性指标之一，它表示了光接收机接收微弱信号的能力，是系统设计的重要依据。光接收机灵敏度的定义：在给定误码率或信噪比条件下，光接收机所能接收的最小平均光功率。在测灵敏度时应注意3点：

① 在测量光接收机灵敏度时，首先要确定系统所要求的误码率指标。对不同长度和不同应用的光纤数字通信系统，其误码率指标是不一样的。例如，在短距离光纤数字通信系统中，要求误码率一般为 $10^{-9}$，而在 420 km 数字段中，则要求每个中继器的误码率为 $10^{-11}$。对同一个光接收机来说，当要求的误码率指标不同时，其接收机的灵敏度也就不同。要求误码率越小，则灵敏度就越低，即要求接收的光功率就越大。因此，必须明确，对某一接收机来说，灵敏度不是一个固定不变的值，它与误码率的要求有关。测量时，首先要确定系统设计要求的误码率，然后再测该误码率条件下的光接收机灵敏度的数值。

② 光接收机灵敏度定义中的光功率是指最小平均光功率，而不是指任何一个达到系统要求的误码率时所对应的光功率。因此，要特别注意"最小"的概念。所谓"最小"，就是指当接收的光功率只要小于此值，误码率立即增加而达不到要求。应该指出，对某一接收机来说，光功率只要在它的动态范围内变化，都能保证系统要求的误码率。但灵敏度只有一个，即接收机所能接收的最小光功率。

③ 灵敏度指的是平均光功率，而不是光脉冲的峰值功率。这样，光接收机的灵敏度就与传输信号的码型有关。码型不同，占空比不同，平均光功率也不同，即灵敏度不同。在光纤数字传输系统中常用的 2 种码型有 NRZ 码和 RZ 码，其占空比分别为 100% 和 50%。当"1"和"0"码的概率相等时，前者的平均光功率比后者大 3 dB。因此，测试灵敏度时必须选用正确的码型。

灵敏度的单位一般用 dBm 表示。它表示以 1 mW 功率为基础的绝对功率电平。设测得的最小平均光功率为 $P_{min}$，则灵敏度可以表示为

$$P_R = 10 \lg \frac{P_{min}}{1\ \mathrm{mW}} (\mathrm{dBm})$$

例如，当 $P_R = -60$ dBm 时，其最小平均光功率就是 $10^{-9}$ W。要特别说明的是，$P_{min}$ 越小，接收机的灵敏度就越高。该接收机在很小的接收光功率条件下，就可保证系统所要求的误码率。

（2）动态范围

在实际的光纤通信线路中，光接收机的输入光信号功率是固定不变的，当系统的中继距离较短时，光接收机的输入光功率就会增加。一个新建的线路，由于新器件和系统设计时考虑的富余度也会使光接收机的输入光功率增加，为了保证系统的正常工作，对输入信号光功率的增加必须限制在一定的范围内，因为信号功率增加到某一数值时将对接收机性能产生不良影响。在模拟通信系统中，输入信号过大将使放大器超载，输出信号失真，降低信噪比。在数字通信系统中，当输入信号功率增加到某一数值时，将使系统出现误

码。应该指出,在数字通信系统中,放大器输出信号的失真在测试时应与模拟系统区别开来。

为保证数字通信系统的误码特性,光接收机的输入光信号只能在某一定范围内变化,光接收机这种能适应输入信号在一定范围内变化的能力称为光接收机的动态范围,可表示为

$$D = 10\lg \frac{P_{\max}}{P_{\min}}(\text{dB})$$

式中,$P_{\max}$是光接收机在不误码条件下能接收的最大信号平均光功率;$P_{\min}$是光接收机的灵敏度,即最小可接收光功率。

一般来说,要求光接收机的动态范围大一点较好,但如果要求过大则会给设备的生产带来一些困难。

### 【实验步骤】

(1)模块关电,按表 8.8.1 所示连线。

**表 8.8.1　实验连线方法**

| 源端口 | 目的端口 | 连线说明 |
|---|---|---|
| 模块 23:TH1(数据输出) | 模块 25:TH2(数字输入) | 将误码仪源数据送入光发端 |
| 模块 25:TH3(数字输出) | 模块 23:TH3(数据输入) | 将光收端输出数据送回误码仪 |
| 模块 23:TH2(时钟输出) | 模块 25:TH4(时钟输入) | 同步时钟直连 |

(2)光功率计搭建方法(注:本平台的内置光功率计功能有两种搭建方式,详细可参考实验基本功能介绍中关于光功率计的使用说明的相关内容。这里我们以所用到的方式二为例进行操作):用光纤跳线连接 25 号光发送接口和光接收接口;用同轴电缆连接 25 模块的光探测器输出 P4,连接 23 号模块的光探测器输入 P1;同时,将 23 号模块的拨码开关 S3 拨至"外部",将 25 号模块的功能选择开关 S1 应拨至"光功率计"。

(3)将开关 J1 拨为"10",即无 APC 控制状态。开关 S3 拨为"数字",即数字光发。

(4)将 25 号光收发模块的电位器 W4 和 W2 顺时针旋至底,即设置光发射机的输出光功率为最大状态。

(5)模块开电,设置主控模块菜单,选择"主菜单"→"误码仪"功能。可将误码仪的输出信号码速设置为 2 M。调节光接收机各旋钮,使误码仪的"失锁""误码""无数据"三个指示灯灭,即光发射机和接收机的传通通路无误码。

(6)慢慢旋转 W4(输出光发射功率大小的调节旋钮),减小光发射机的输出光功率,直到误码仪的"误码"指示灯刚出现闪烁时,将 25 号模块的功能选择键 S1 拨至"光功率计",并将 23 号模块的拨码开关 S3 拨至"外部"。(注:本平台的内置光功率计功能有两种搭建方式,实验时可根据自己需要任选其中一种方式搭建光功率计。这里我们选择方

式二为例进行相关操作。详细可参考实验基本功能介绍中关于光功率计使用说明的相关内容。)

（7）在主控模块上设置并选择"主菜单"→"光功率计"功能,可以通过选择和单击"选择/确认"多功能旋钮,切换功率计的测量波长;根据实际使用的光收发模块的波长类型,选择波长"1310 nm"或"1550 nm"。测量并记录此时光功率 $P_{min}$。该 $P_{min}$ 即为光接收机的灵敏度。

（8）再根据光发射机平均光功率测试实验,测出光接收机在不误码条件下能接收的最大信号平均光功率 $P_{max}$,从而计算出光接收机的动态范围。

实验结果参考:

以 1310 为例的一组实验结果参考数据如下:

$P_{min} = 100.6\ \mu W$,

$P_{max} = 236.0\ \mu W$,

$D = 10\lg \dfrac{P_{max}}{P_{min}} = 3.8\ dB$。

提示:误码仪使用的数据为类型一(即 PN15)。在保证光纤传输系统稳定无误码地传输 2 M 的数据时,调整好灵敏度电位器及合适的判决门限值, $P_{min}$ 的实测值可以更小(可低于参考数据 100.6 $\mu W$)。

## 【实验报告】

记录实验数据,分析实验数据。

# 第 9 章

# 模拟信号光纤传输

## 实验 9.1　模拟信号光纤传输

### 【实验目的】

（1）了解模拟信号光纤通信原理。

（2）了解不同频率、不同幅度的正弦波、三角波、方波等模拟信号的系统光传输性能情况。

### 【实验内容】

测量不同的正弦波、三角波和方波的光调制系统性能。

### 【实验器材】

（1）主控 & 信号源模块、23 号模块、25 号模块 　　　　　　　　　　　各 1 块

（2）双踪示波器 　　　　　　　　　　　　　　　　　　　　　　　　　1 台

（3）连接线 　　　　　　　　　　　　　　　　　　　　　　　　　　　若干

（4）光纤跳线 　　　　　　　　　　　　　　　　　　　　　　　　　　1 根

### 【实验原理】

（1）实验原理框图（见图 9.1.1 和图 9.1.2）

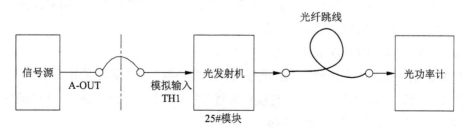

**图 9.1.1　光调制功率检测框图**

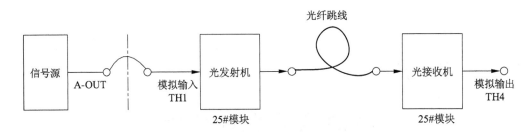

**图 9.1.2　模拟信号光调制传输系统框图**

（2）实验框图说明

本实验是输入不同的模拟信号，测量模拟光调制系统性能。如模拟信号光调制传输系统框图 9.1.2 所示，不同频率、不同幅度的正弦波、三角波和方波等信号，经 25 号模块的光发射机单元，完成电光转换；然后通过光纤跳线传输至 25 号模块的光接收机单元进行光电转换处理，从而还原出原始模拟信号。实验中利用光功率计对光发射机进行功率检测，了解模拟光调制系统的性能。

注：根据实际模块配置情况不同，自行选择不同波长（比如 1310 nm、1550 nm）的 25 号光收发模块进行实验。

## 【注意事项】

（1）在实验过程中切勿将光纤端面对着人眼，切勿带电进行光纤跳线的连接。

（2）不要带电插拔信号连接导线。

## 【实验步骤】

（1）系统关电，参考系统框图 9.1.2，按下面说明依次连线：

① 用连接线将信号源 A – OUT 连接至 25 号模块的 TH1 模拟输入端。

② 用光纤跳线连接 25 号模块的光发端口和光收端口，此过程是将电信号转换为光信号，经光纤跳线传输后再将光信号还原为电信号。注意：连接光纤跳线时需定位销口方向且操作小心仔细，切勿损伤光纤跳线或光收发端口。

③ 用同轴连接线将 25 号模块的 P4 光探测器输出端，连接至 23 号模块的 P1 光探测器输入端。（注：本平台的内置光功率计功能有两种搭建方式，实验时可根据自己需要任选其中一种方式搭建光功率计。详细可参考实验基本功能介绍中关于光功率计使用说明的相关内容。这里以方式二为例进行操作。）

（2）设置 25 号模块的功能初状态。

① 将收发模式选择开关 S3 拨至"模拟"，即选择模拟信号光调制传输。

② 将拨码开关 J1 拨至"ON"，即连接激光器；拨码开关 APC 此时选择"ON"或"OFF"均可，即 APC 功能可根据需要随意选择。

（3）进行系统联调和观测。

① 打开系统和各实验模块电源开关。设置主控模块的菜单,选择"主菜单"→"光纤通信"→"模拟信号光调制"。此时系统初始状态中 A–OUT 输出为 1 kHz 正弦波。调节信号源模块的旋钮 W1,使 A–OUT 输出正弦波幅度为 1 V。

② 选择进入主控 & 信号源模块的"光功率计"功能菜单,根据所选模块波长类型选择波长"1310 nm"或"1550 nm"。

③ 保持信号源频率不变,改变信号源幅度测量光调制性能:调节信号源模块的 W1,改变输入信号的幅度,记录不同幅度时的光调制功率变化情况(见表 9.1.1)。

**表 9.1.1　实验记录**

| 信号幅度 | $0.5\ V_{p-p}$ | $1\ V_{p-p}$ | $1.5\ V_{p-p}$ | $2\ V_{p-p}$ | $2.5\ V_{p-p}$ | $3\ V_{p-p}$ |
|---|---|---|---|---|---|---|
| 光调制输出功率 | | | | | | |

④ 保持信号源幅度不变,改变信号源频率测量光调制性能:改变输入信号的频率,自行设计表格记录不同频率时的光调制功率变化情况。

⑤ 适当调节 25 号模块的 W5 接收灵敏度旋钮,用示波器对比观察光接收机的模拟输出端 TH4 和光发射机的模拟输入端 TH1,了解模拟光调制系统线性度。

⑥ 将 25 号模块的功能选择开关 S1 拨至"光接收机",适当调节 25 号模块的 W5 接收灵敏度旋钮,用示波器对比观察光接收机的模拟输出端 TH4 和光发射机的模拟输入端 TH1。此时,请断开 25 号模块的 P4 光探测器输出端与 23 号模块的 P1 光探测器输入端的同轴电缆连接(注:不测量光功率时,光发送与光接收自成一个传输系统,如果不断开同轴电缆,相当于给光接收机增加了一个不必要的负载,影响光接收机模拟输出端 TH4 的信号质量,波形会出现失真)。了解模拟光调制系统线性度。

⑦ 改变信号源的波形,用三角波或方波进行上述实验步骤及测试,表格自拟。

## 【实验报告】

(1) 画出实验框图,并阐述模拟信号光调制基本原理。

(2) 记录并分析实验波形和数据。

# 实验 9.2　图像光纤传输系统

## 【实验目的】

(1) 掌握模拟视频信号光纤传输系统组成。

(2) 熟悉图像信号在光纤系统中的传输过程。

## 【实验内容】

(1) 搭建并调试图像信号光纤传输系统。

（2）自行搭建语音信号光纤传输系统。

【实验器材】

| | |
|---|---|
| （1）主控 & 信号源模块、25 号模块 | 各 1 块 |
| （2）连接线 | 若干 |
| （3）摄像头 | 1 个 |
| （4）监视器 | 1 个 |
| （5）光纤跳线 | 1 根 |

【实验原理】

（1）实验原理框图（见图 9.2.1）

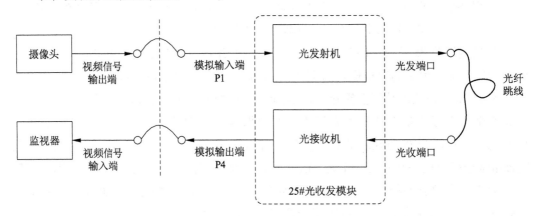

**图 9.2.1　图像光纤传输系统框图**

（2）实验框图说明

本实验主要采用模拟信号直接光调制的方法进行视频信号的光纤传输。如图像光纤传输系统框图 9.2.1 所示，系统主要由摄像头、光发射机、光接收机和监视器四部分组成。图像信号由摄像头产生，送入光发射机，进行电－光转换处理，然后经过光纤跳线传输后，送至光接收机，进行光－电转换处理，最后由监视器进行视频显示。

实际生活中，除了音频传输外，视频信号的光纤传输也是人们非常关注的问题。由于视频信号的带宽相比音频信号来说要宽许多，实验中对光发射机和光接收机的要求则更严格，在系统联调时需要认真仔细地调整才能得到满意的图像传输效果。

本实验的实质其实就是模拟信号的光纤传输。有兴趣的同学还可以自行尝试将摄像头的音频输出信号通过光发射机和光接收机进行光纤传输，最后送至监视器，感受语音光纤传输效果。

【注意事项】

（1）在实验过程中切勿将光纤端面对着人眼，切勿带电进行光纤跳线的连接。

（2）不要带电插拔信号连接导线。

**【实验步骤】**

（1）系统关电,参考系统框图 9.2.1,按下面说明依次连线:

① 用视频连接线将摄像头的视频信号输出端连接至 25 号模块的 P1 模拟输入端。

② 用光纤跳线连接 25 号模块的光发端口和光收端口,此过程是将电信号转换为光信号,经光纤跳线传输后再将光信号还原为电信号。注意:连接光纤跳线时需定位销口方向且操作小心仔细,切勿损伤光纤跳线或光收发端口。

③ 用视频连接线将 25 号模块的 P4 模拟输出端,连接至监视器的视频信号输入端。

（2）设置 25 号模块的功能初状态。

① 将收发模式选择开关 S3 拨至"模拟",即选择模拟信号光调制传输。

② 将拨码开关 J1 拨至"ON",即连接激光器;拨码开关 APC 此时选择"ON"或"OFF"都可,即 APC 功能可根据需要随意选择。

③ 将功能选择开关 S1 拨至"光接收机",即选择光信号解调接收功能。

（3）进行系统联调和观测。

① 打开系统和各实验模块电源开关,并打开监视器和摄像头的供电电源。

② 适当调节 25 号模块的 W5 接收灵敏度旋钮,并观察监视器中图像传输效果和变化情况,直至光纤视频传输效果最佳。

说明:本实验也是一个主观体验实验,但需要了解的是光纤传输的高带宽。在上一个实验中,进行模拟信号的光纤传输时,主要使用的是语音信号的频率范围。在进行图像信号的传输时,只关注了图像信号是否清晰地传输到了信宿(监视器),而忽略了图像信号的带宽(6 M)远远大于常规的模拟信号这一现象。光纤的通信容量大,传输距离远,一根光纤的潜在带宽可达 20 THz。

③ 有兴趣的同学可以再自行搭建语音信号的光纤传输系统,实现图像和语音一起传输。

**【实验报告】**

（1）观察图像光纤传输的效果,感受系统性能。

（2）有兴趣的同学可以尝试画出视频图像和语音信号同时传输的光纤通信系统,简述其工作原理和架构,并在该系统平台上加以验证。

# 第 10 章

# 数字信号光纤传输

## 实验 10.1　PN 序列光纤传输系统

【实验目的】

了解 PN 序列光纤传输系统的原理。

【实验内容】

观测 PN 序列光纤传输系统。

【实验器材】

（1）主控 & 信号源模块、25 号模块　　　　　　　　　　　　　　各 1 块
（2）双踪示波器　　　　　　　　　　　　　　　　　　　　　　一台
（3）光纤跳线　　　　　　　　　　　　　　　　　　　　　　　1 根
（4）连接线　　　　　　　　　　　　　　　　　　　　　　　　若干

【实验原理】

（1）实验原理框图（见图 10.1.1）

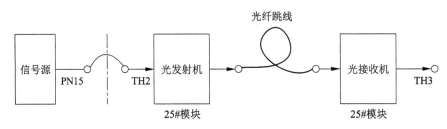

**图 10.1.1　PN 序列光纤传输系统实验框图**

（2）实验框图说明

本实验目的是了解和验证数字序列光纤传输系统的原理。由主控信号源模块提供输

入信号 PN 序列,PN 序列经过光发射机完成电光转换,送入光纤媒介中传输,最后通过光接收机完成光电转换以及门限判决,恢复出原始码元信号。

注:由于实验设备配置模块情况不同,光收发模块的波长类型有所不同,比如 1310 nm、1550 nm 等,需根据实际情况确定。

## 【注意事项】

(1) 在实验过程中切勿将光纤端面对着人眼,切勿带电进行光纤跳线的连接。

(2) 不要带电插拔信号连接导线。

## 【实验步骤】

(1) 系统关电,参考系统框图 10.1.1,按下面说明依次连线:

① 用连接线将主控信号源模块的 PN 序列连接至 25 号模块的 TH2 数字输入端。

② 用光纤跳线连接 25 号模块的光发端口和光收端口,此过程是将电信号转换为光信号,经光纤跳线传输后再将光信号还原为电信号。注意,连接光纤跳线时需定位销口方向且操作小心仔细,切勿损伤光纤跳线或光收发端口。

(2) 设置 25 号模块的功能初状态。

① 将收发模式选择开关 S3 拨至"数字",即选择数字信号光调制传输。

② 将拨码开关 J1 拨至"ON",即连接激光器;拨码开关 APC 此时选择"ON"或"OFF"都可,即 APC 功能可根据需要随意选择。

③ 将功能选择开关 S1 拨至"光接收机",即选择光信号解调接收功能。

(3) 进行系统联调和观测。

① 打开系统和各实验模块电源开关。设置主控信号源模块的菜单,选择"主菜单"→"光纤通信"→"PN 序列光纤传输系统"。此时信号源 PN 输出为 15 位 32 kHz 的伪随机序列。

② 调节 25 号模块中光发射机的 W4 输出光功率旋钮,改变输出光功率强度;调节光接收机的 W5 接收灵敏度旋钮和 W6 判决门限旋钮,改变光接收效果。用示波器对比观测信号源 PN 序列和 25 号模块的 TH3 数字输出端,直至二者码型一致。

## 【实验报告】

简述实验工作过程,观测并记录实验现象。

# 实验 10.2　眼图观测

## 【实验目的】

(1) 了解和掌握眼图的形成过程和意义。

（2）掌握光纤通信系统中的眼图观测方法。

## 【实验内容】

（1）观测数字光纤传输系统中的眼图张开和闭合效果。

（2）记录眼图波形参数，分析系统传输性能。

## 【实验器材】

（1）主控 & 信号源、25 号模块　　　　　　　　　　　　　　　各 1 块

（2）双踪示波器　　　　　　　　　　　　　　　　　　　　　　1 台

（3）连接线　　　　　　　　　　　　　　　　　　　　　　　　若干

（4）光纤跳线　　　　　　　　　　　　　　　　　　　　　　　1 根

## 【实验原理】

（1）实验原理框图（见图 10.2.1）

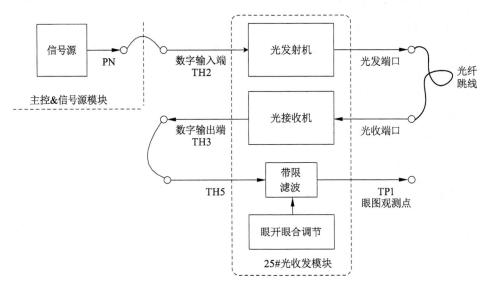

**图 10.2.1　眼图测试实验系统框图**

（2）实验框图说明

本实验是以数字信号光纤传输为例，进行光纤通信测量中的眼图观测实验。为方便模拟真实环境中的系统传输衰减等干扰现象，我们加入了可调节的带限信道，用于观测眼图的张开和闭合等现象。如眼图测试实验系统框图 10.2.1 所示，系统主要由信号源、光发射机、光接收机以及带限信道组成；信号源提供的数字信号经过光发射机和接收机传输后，再送入用于模拟真实衰减环境的带限信道；通过示波器测试设备，以数字信号的同步位时钟为触发源，观测 TP1 测试点的波形，即眼图。

（3）眼图基本概念及实验观察方法

所谓眼图，它是一系列数字信号在示波器上累积而显示的图形。眼图包含了丰富的信息，反映的是系统链路上传输的所有数字信号的整体特征。利用眼图可以观察出码间串扰和噪声的影响，分析眼图是衡量数字通信系统传输特性的简单且有效的方法。

① 被测系统的眼图观测方法

通常观测眼图的方法如图 10.2.2 所示，以数字序列的同步时钟为触发源，用示波器 YT 模式测量系统输出端，调节示波器水平扫描周期与接收码元的周期同步，则屏幕中显示的即为眼图。

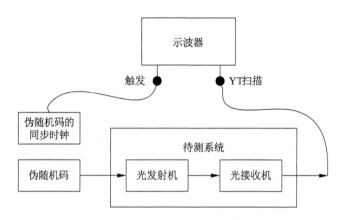

**图 10.2.2　眼图测试方法框图**

② 眼图的形成示意图

一个完整的眼图应该包含从"000"到"111"的所有状态组，且每个状态组发送的次数要尽量一致，否则有些信息将无法呈现在示波器屏幕上。

八种状态如图 10.2.3 所示。

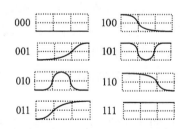

**图 10.2.3　八种状态示意图**

眼图合成示意图如图 10.2.4 所示。

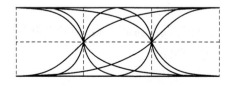

**图 10.2.4　眼图合成示意图**

一般在无串扰等影响情况下，从示波器上观测到的眼图与理论分析得到的眼图大致接近。

③ 眼图参数及系统性能

如图 10.2.5 所示，眼图的垂直张开度表示系统的抗噪声能力，水平张开度反映过门限失真量的大小。眼图的张开度受噪声和码间干扰的影响，当光收端机输出端信噪比很大时，眼图的张开度主要受码间干扰的影响，因此观察眼图的张开度就可以估算出光收端机码间干扰的大小。

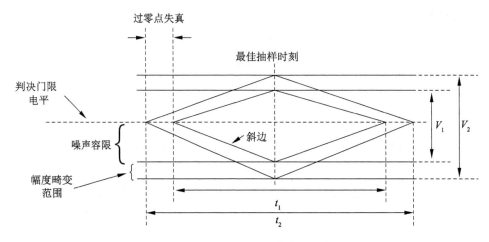

**图 10.2.5　眼图模型**

其中，垂直张开度 $E_0 = \dfrac{V_1}{V_2}$；水平张开度 $E_1 = \dfrac{t_1}{t_2}$。

从眼图中可以得到以下信息：

a. 最佳抽样时刻是"眼睛"张开最大的时刻。

b. 眼图斜边的斜率表示了定时误差灵敏度。斜率越大，对位定时误差越敏感。

c. 在抽样时刻上，眼图上下两分支阴影区的垂直高度，表示最大信号畸变。

d. 眼图中央的横轴位置应对应于判决门限电平。

e. 在抽样时刻上，眼图上下两阴影区的间隔距离的一半为噪声容限，若噪声瞬时值超过它就会出现错判。

f. 眼图倾斜分支与横轴相交的区域的大小，即过零点失真的变动范围；它对利用信号零交点的平均位置来提取定时信息的接收系统来说，影响定时信息的提取。

## 【注意事项】

（1）在实验过程中切勿将光纤端面对着人眼，切勿带电进行光纤跳线的连接。

（2）不要带电插拔信号连接导线。

**【实验步骤】**

（1）系统关电,参考系统框图 10.2.1,按下面说明依次连线:

① 用连接线将主控信号源模块的 PN 序列连接至 25 号模块的 TH2 数字输入端。

② 用光纤跳线连接 25 号模块的光发端口和光收端口,此过程是将电信号转换为光信号,经光纤跳线传输后再将光信号还原为电信号。注意:连接光纤跳线时需定位销口方向且操作小心仔细,切勿损伤光纤跳线或光收发端口。

③ 用连接线将 25 号模块的 TH3 数字输出端连接至 25 号模块的 TH5。此过程是将基带信号送入一个可调带限信道,用于模拟实际传输过程中可能出现的信道衰减强度。

（2）设置 25 号模块的功能初状态。

① 将收发模式选择开关 S3 拨至"数字",即选择数字信号光调制传输。

② 将拨码开关 J1 拨至"ON",即连接激光器;拨码开关 APC 此时选择"ON"或"OFF"都可,即 APC 功能可根据需要随意选择。

③ 将功能选择开关 S1 拨至"光接收机",即选择光信号解调接收功能。

（3）进行系统联调和观测。

① 打开系统和各实验模块电源开关。设置主控信号源模块的菜单,选择"主菜单"→"光纤通信"→"眼图观测"。自行设置"功能 1",使 PN 输出频率为 16 kHz,PN 输出码型为 PN127 或 PN15。

② 调节 25 号模块中光发射机的 W4 输出光功率旋钮,改变输出光功率强度;调节光接收机的 W5 接收灵敏度旋钮和 W6 判决门限旋钮,改变光接收效果。用示波器对比观测信号源 PN 序列和 25 号模块的 TH3 数字输出端,直至二者码型一致。

③ 以主控信号源模块上的 CLK 为触发(意思为示波器的触发菜单里,信源选择 CH1 时要使用 CH1 通道观测 CLK 信号),用示波器探头分别接信号源 CLK 和 25 号模块的眼图观测点 TP1,调整示波器相关功能(可参考下附的示波器使用技巧)档位观测眼图显示效果。

**📐示波器使用技巧**

注:在观察眼图时,不同的示波器屏幕显示效果有所不同,有时候需要选择一个合适的信号源或者将示波器的波形持续等功能开启。

观测到较理想眼图的示波器设置技巧参考:

A:假设原始输入的测试信号为 16K 码率的 PN15;示波器对比观测输入的 PN 码(主控模块的 PN 端口或 25 号模块的数字输入 TH2 端口)和 25 号模块的数字输出(TH3),请参考实验 10.2。调整各模块参数,确保此时发送的 PN 码和输出的 PN 码应波形一致无错码。

B:如果之前为了稳定的观测 PN 码设置了释抑时间,请在触发菜单关闭释抑。

C:在 DISPLAY 开启余辉功能,时间建议设置为 5 s,或者无限。

D:此时示波器上应能显示比较清晰的眼图信号,如图 10.2.6 所示。

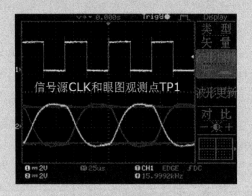

**图 10.2.6  完整的眼图**

E:若出现图 10.2.7 的眼图波形,表示眼图有些状态不完整,请将 PN15 改为 PN127,即可观测到完整的眼图。

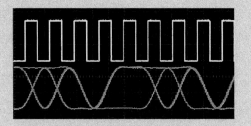

**图 10.2.7  质量较差的眼图**

F:眼图观测实验完毕,请关闭余辉功能,以免影响其他实验项目的实验效果。

(4)调节 25 号模块的 W8 眼开眼合旋钮,改变带限信道的影响强度,观测示波器中眼图张开和闭合现象。

(5)记录眼图波形并测量出眼图特性参数,从而评估系统性能。

## 【实验报告】

(1)观测并记录眼图波形。

(2)测量和计算眼图的特性参数,评估系统性能。

# 实验 10.3　CMI 编译码及其光纤传输系统

## 【实验目的】

（1）了解和掌握 CMI 编译码原理。

（2）了解 CMI 码在光纤传输系统中的用途。

## 【实验内容】

（1）观测 CMI 编码和译码波形。

（2）搭建并联调 CMI 编译码光纤传输系统。

## 【实验器材】

（1）主控 & 信号源模块、8 号模块、13 号模块、25 号模块　　　　　各一块

（2）双踪示波器　　　　　　　　　　　　　　　　　　　　　　　　　一台

（3）光纤跳线　　　　　　　　　　　　　　　　　　　　　　　　　　1 根

（4）连接线　　　　　　　　　　　　　　　　　　　　　　　　　　　若干

## 【实验原理】

（1）实验电路框图（见图 10.3.1）

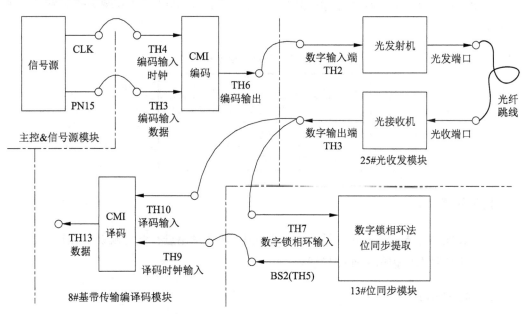

**图 10.3.1　CMI 编译码光纤传输系统框图**

（2）实验框图说明

本实验通过观测 CMI 编译码波形以及其光纤传输,从而了解 CMI 的原理和用途。

和数字电缆通信一样,通常在数字光纤通信的传输通道中,一般不直接传输终端机输出的数字信号,而是经过码型变换电路,使之变换成为更适合传输通道的线路码型。在数字电缆通信中,电缆中传输的线路码型通常为三电平的"三阶高密度双极性码",即 HDB3 码,它是一种传号以正负极性交替发送的码型。在数字光纤通信中由于光源不可能发射负的光脉冲,因而不能采用 HDB3 码,只能采用"0""1"二电平码。但简单的二电平码的直流基线会随着信息流中"0""1"的不同的组合情况而随机起伏,这对直流基线的起伏对接收端判决不利,因此需要进行线路编码以适应光纤线路传输的要求。

线路编码还有另外两个作用:一是消除随机数字码流中的长连"0"和长连"1"码,以便于接收端时钟的提取;二是按一定规则进行编码后,也便于在运行中进行误码监测,以及在中继器上进行误码遥测。

CMI(Coded Mark Inversion)码是典型的字母型平衡码之一。CMI 在 ITU – T G. 703 建议中被规定为 139264 kbit/s(PDH 的四次群)和 155520 kbit/s(SDH 的 STM – 1)的物理/电气界面的码型。CMI 由于结构均匀,传输性能好,可以用游动数字和的方法监测误码,因此误码监测性能好。由于它是一种电接口码型,因此有不少 139264 kbit/s 的光纤数字传输系统采用 CMI 码作为光线路码型。除了上述优点外,它不需要重新变换,就可以直接用四次群复接设备送来的 CMI 码的电信号去调制光源器件,在接收端把再生还原的 CMI 码的电信号直接送给四次群复用设备,而无须电接口和线路码型变换/反变换电路。其缺点是码速提高太大,并且传送辅助信息的性能较差。

本实验 CMI 编码中,码字"0"由"01"表示,码字"1"由"00""11"交替表示。其变换规则见表 10.3.1。

表 10.3.1　CMI 码变换规则

| 输入码字 | CMI 码 | |
|---|---|---|
| | 模式 1 | 模式 2 |
| 0 | 01 | 01 |
| 1 | 00 | 11 |

## 【注意事项】

（1）在实验过程中切勿将光纤端面对着人眼,切勿带电进行光纤跳线的连接。

（2）不要带电插拔信号连接导线。

## 【实验步骤】

（1）系统关电,参考系统框图 10.3.1,依次按表 10.3.2 和表 10.3.3 所示连线。

表 10.3.2　实验连线说明 1

| 源端口 | 目的端口 | 连线说明 |
|---|---|---|
| 信号源:PN | 模块 8:TH3(数据) | 提供编码输入数据 |
| 信号源:CLK | 模块 8:TH4(时钟) | 提供编码输入时钟 |
| 模块 8:TH6(编码输出) | 模块 25:TH2(数字输入) | 送入光发射机 |

用光纤跳线连接 25 号模块的光发端口和光收端口,此过程是将电信号转换为光信号,经光纤跳线传输后再将光信号还原为电信号。注意:连接光纤跳线时需定位销口方向且操作小心仔细,切勿损伤光纤跳线或光收发端口。

表 10.3.3　实验连线说明 2

| 源端口 | 目的端口 | 连线说明 |
|---|---|---|
| 模块 25:TH3(数字输出) | 模块 8:TH10(译码输入) | 送入译码单元 |
| 模块 25:TH3(数字输出) | 模块 13:TH7(数字锁相环输入) | 送入位同步提取单元 |
| 模块 13:TH5(BS2) | 模块 8:TH9(译码时钟输入) | 提供译码输入时钟 |

(2) 设置 25 号模块的功能初状态。

① 将收发模式选择开关 S3 拨至"数字",即选择数字信号光调制传输。

② 将拨码开关 J1 拨至"ON",即连接激光器;拨码开关 APC 此时选择"ON"或"OFF"都可,即 APC 功能可根据需要随意选择。

③ 将功能选择开关 S1 拨至"光接收机",即选择光信号解调接收功能。

(3) 进行系统联调和观测。

① 打开系统和各实验模块电源开关。设置主控信号源模块的菜单,选择"主菜单"→"光纤通信"→"CMI 编译码"。此时系统初始状态下 PN 序列为 256K。再将 13 号模块的分频设置开关 S3 拨为 0011,即提取 512K 同步时钟。

② 调节 25 号模块中光发射机的 W4 输出光功率旋钮,改变输出光功率强度;调节光接收机的 W5 接收灵敏度旋钮和 W6 判决门限旋钮,改变光接收效果。用示波器对比观测信号源 PN 序列和 8 号模块的 TH13 译码数据输出端,直至二者码型一致。

③ 用示波器观测信号源 PN 序列和 8 号模块的 TH6(编码输出),对比编码前后的波形,验证 CMI 编码规则。

注:有兴趣的同学可以将信号源替换成 2 号模块,设置好码型和码速,通过光条观测信号经 CMI 编译码光纤传输系统的情况。

【实验报告】

(1) 简述 CMI 编译码原理。

(2) 记录并分析 CMI 编译码实验波形结果。

# 实验 10.4　扰码及解扰码

## 【实验目的】

（1）了解和掌握扰码和解扰码原理。
（2）了解扰码在光纤传输系统中的用途。

## 【实验内容】

观测扰码和解扰码波形。

## 【实验器材】

（1）主控 & 信号源模块、8 号模块、13 号模块、25 号模块　　　　　　　　　各一块
（2）双踪示波器　　　　　　　　　　　　　　　　　　　　　　　　　　　　一台
（3）连接线　　　　　　　　　　　　　　　　　　　　　　　　　　　　　　若干

## 【实验原理】

（1）实验电路框图（见图 10.4.1）

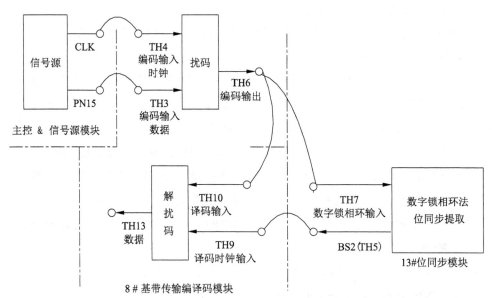

**图 10.4.1　扰码及解扰码实验框图**

（2）实验框图说明

本实验是观测扰码波形，从而了解扰码的原理和用途。

扰码原理是以线性回馈移位寄存器理论作为基础的。在数字基带信号传输中，将二

进数字信息先作"随机化"处理,变为伪随机序列,从而限制连"0"或连"1"码的长度,以保证位定时信息恢复的质量。这种"随机化"处理称为"扰码"。在接收端解除这"扰乱"的过程称为"解扰"。当输入二进信息码为全 0 码时,扰码器实际上就是一个 $m$ 序列伪随机码发生器。

采用扰码方法的主要缺点是对系统的误码性能有影响。在传输扰码序列过程中产生的单个误码会在接收端解扰码器的输出端产生多个误码,这是因为解扰时会导致误码的增加。

扰码器框图如图 10.4.2 所示。

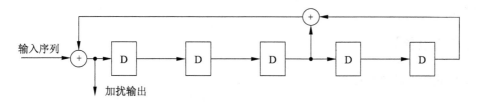

**图 10.4.2　扰码器框图**

解扰器的框图如图 10.4.3 所示。

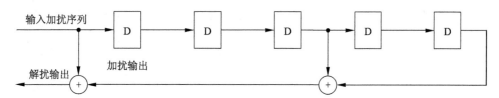

**图 10.4.3　解扰器框图**

## 【注意事项】

(1)在实验过程中切勿将光纤端面对着人眼,切勿带电进行光纤跳线的连接。

(2)不要带电插拔信号连接导线。

## 【实验步骤】

(1)系统关电,参考系统框图 10.4.1,依次按表 10.4.1 所示连线。

**表 10.4.1　实验连线说明**

| 源端口 | 目的端口 | 连线说明 |
| --- | --- | --- |
| 信号源:PN | 模块 8:TH3(数据) | 提供编码输入数据 |
| 信号源:CLK | 模块 8:TH4(时钟) | 提供编码输入时钟 |
| 模块 8:TH6(编码输出) | 模块 8:TH10(译码输入) | 送入译码单元 |
| 模块 8:TH6(编码输出) | 模块 13:TH7(数字锁相环输入) | 送入位同步提取单元 |
| 模块 13:TH5(BS2) | 模块 8:TH9(译码时钟输入) | 提供译码输入时钟 |

（2）进行系统联调和观测。

① 打开系统和各实验模块电源开关。设置主控信号源模块的菜单,选择"主菜单"→"光纤通信"→"扰码及解扰码"。此时系统初始状态下 PN 序列为 256K。再将 13 号模块的分频设置开关 S3 拨为 0100,即提取 256K 同步时钟。

② 用示波器观测信号源 PN 序列和 8 号模块的 TH6（编码输出）,对比观测原码和扰码波形。

说明:当输入数据为全 0 时,编码输出端口的数据就是扰码序列（1111100011011101010000100101100）。此时,当输入其他数据时,通过推演即可画出理论波形。

【实验报告】

简述扰码及解扰码原理。

# 第 11 章

# 光纤综合传输

## 实验 11.1　时分复用及解复用光纤传输

### 【实验目的】

（1）了解和掌握光纤接入网时分复用及解复用原理和过程。

（2）了解和掌握 PCM 编译码原理和过程。

### 【实验内容】

（1）搭建光时分复用及解复用传输系统。

（2）观测数字信号和模拟信号在系统传输过程中的波形。

### 【实验器材】

（1）主控 & 信号源模块、1A 号模块、2 号模块、7 号模块、13 号模块、25 号模块

　　　　　　　　　　　　　　　　　　　　　　　　　　　　　各 1 块

（2）双踪示波器　　　　　　　　　　　　　　　　　　　　　1 台

（3）连接线　　　　　　　　　　　　　　　　　　　　　　　若干

（4）光纤跳线　　　　　　　　　　　　　　　　　　　　　　1 根

### 【实验原理】

（1）实验原理框图（见图 11.1.1 ～ 图 11.1.4）

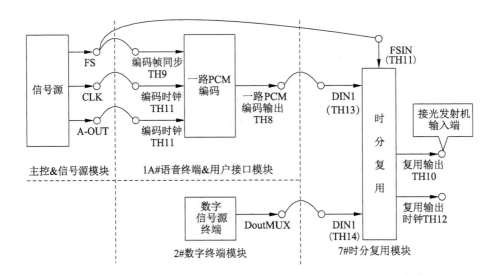

图 11.1.1 时分复用框图

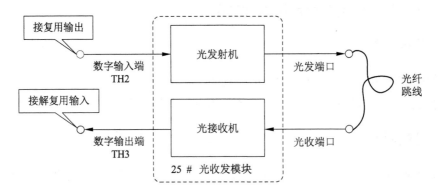

图 11.1.2 光发射及接收框图

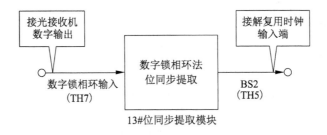

图 11.1.3 解复用同步时钟提取框图

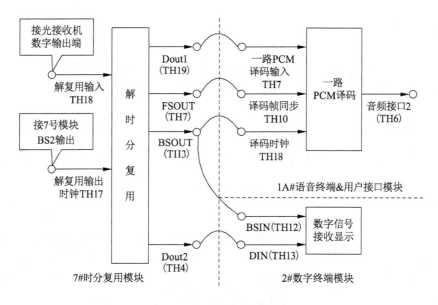

**图 11.1.4　解时分复用框图**

（2）实验框图说明

本实验是利用光时分复用技术传输模拟和数字两路信号。如图 11.1.1～图 11.1.4
所示,系统主要包括模拟信号源、PCM 编码单元、数字信号源、时分复用单元、光发射机、
光接收机、解时分复用单元、PCM 译码单元以及数字显示终端。框图中数据的时隙分配
情况为:帧同步码 01110010 分配在第 0 时隙;音频的 PCM 编码信号分配在第 1 时隙;数字
信号源分配在第 2 时隙。7 号模块上拨码开关 S1 在第 5 时隙时,用示波器可以从复用输
出信号中观测。另外,第 3 时隙和第 4 时隙的数据分别从 7 号模块的 DIN3 和 DIN4 输入,
此系统暂时空余未用。

时分复用框图 11.1.1 中,模拟信号经 PCM 编码单元转换成数字信号,与数字终端的
数字信号一起送入时分复用单元,复接成一路后送入光发射机。

光发射及接收框图 11.1.2 中,复用信号经光发射机转换成电信号,经光纤跳线传输,
再通过光接收机还原成电信号,然后送至解时分复用单元。

如图 11.1.3 所示,解复用所需同步时钟由 13 号模块数字锁相环电路中提取得到。

解时分复用框图 11.1.4 中,光收信号经过解时分复用单元,通过检测识别定位高
速率数字流的帧信号,解出其他各时隙位置上的数据。其中,第 1 时隙的数据送至 PCM
译码单元并还原输出原始的音频信号;第 2 时隙的数据则送至数字接收显示单元,通过
光条亮灭情况观测传输码型。解复用所需同步时钟由 13 号模块数字锁相环电路中提
取得到。

注:其实 2 号模块的数字信号源单元和数字接收显示单元也是采用时分复用和时分
解复接的原理实现的,所以硬件中用光条显示时,需要将数字信号源数据中某个拨码开关
码值设置为程序已定的帧同步码 01110010。

## 【注意事项】

（1）在实验过程中切勿将光纤端面对着人眼，切勿带电进行光纤跳线的连接。

（2）不要带电插拔信号连接导线。

## 【实验步骤】

（1）系统关电，参考系统框图 11.1.1～11.1.4，依次按表 11.1.1、表 11.1.2 所示连线。

表 11.1.1　实验连线

| 源端口 | 目的端口 | 连线说明 |
| --- | --- | --- |
| 信号源：FS | 模块 1A：TH9（编码帧同步） | 提供 PCM 编码帧同步 |
| 信号源：CLK | 模块 1A：TH11（编码时钟） | 提供 PCM 编码时钟 |
| 信号源：A－OUT | 模块 1A：TH5（音频接口 1） | 将信号送至一路 PCM 编码 |
| 信号源：FS | 模块 7：TH11（FSIN） | 提供复接帧同步 |
| 模块 1A：TH8（一路 PCM 编码输出） | 模拟 7：TH13（DIN1） | 将一路编码信号送入复接 |
| 模块 2：TH1（DoutMUX） | 模拟 7：TH14（DIN2） | 将拨码开关数据送入复接 |
| 模块 7：TH10（复用输出） | 模块 25：TH2（数字输入） | 送入光发射机 |

再用光纤跳线连接 25 号模块的光发端口和光收端口，此过程是将电信号转换为光信号，经光纤跳线传输后再将光信号还原为电信号。注意，连接光纤跳线时需定位销口方向且操作小心仔细，切勿损伤光纤跳线或光收发端口。

表 11.1.2　实验连线

| 源端口 | 目的端口 | 连线说明 |
| --- | --- | --- |
| 模块 25：TH3（数字输出） | 模块 7：TH18（解复用输入） | 送入解复接单元 |
| 模块 25：TH3（数字输出） | 模块 13：TH7（数字锁相环输入） | 送入时钟提取单元 |
| 模块 13：TH5（BS2） | 模块 7：TH17（解复用时钟） | 提供解复用所需时钟 |
| 模块 7：TH7（FSOUT） | 模块 1A：TH10（译码帧同步） | 提供 PCM 译码帧同步 |
| 模块 7：TH3（BSOUT） | 模块 1A：TH18（译码时钟） | 提供 PCM 译码时钟 |
| 模块 7：TH19（Dout1） | 模块 1A：TH7（一路 PCM 译码输入） | 将第 1 时隙数据送至 PCM 译码 |
| 模块 7：TH3（BSOUT） | 模块 2：TH12（BSIN） | 提供光条显示所需时钟 |
| 模块 7：TH4（Dout2） | 模块 2：TH13（DIN） | 将第 2 时隙数据送入光条显示 |

（2）设置 25 号模块的功能初状态。

① 将收发模式选择开关 S3 拨至"数字"，即选择数字信号光调制传输。

② 将拨码开关 J1 拨至"ON"，即连接激光器；拨码开关 APC 此时选择"ON"或"OFF"都可，即 APC 功能可根据需要随意选择。

③ 将功能选择开关 S1 拨至"光接收机"，即选择光信号解调接收功能。

（3）进行系统联调和观测。

①　打开系统和各实验模块电源开关。设置主控模块菜单,选择"主菜单"→"光纤通信"→"时分复用及解复用"。设置 13 号模块的拨码开关 S3 为 0001,即将数字锁相环用于提取解复用所需的 2M 时钟。

②　手动设置 2 号模块上 DoutMUX 的数字信号输出码型:可将拨码开关 S1、S2、S3、S4 分别设为 01110010、00010001、00110011、00001111。这四个拨码开关对应显示光条为 U1、U2、U3、U4,其复接合成输出波形即是 DoutMUX 输出的数据。

注:拨码开关 S1、S2、S3、S4 也可以根据需要自行随意设置码型;但若是需要用 2 号模块的光条终端显示时,则必须使 DoutMUX 数据中含有 01110010 码值的数据(建议将 S1 设置为 01110010),详细可参考 2 号模块数据复用及解复用相关说明。

③　观测数字信号传输效果:调节 25 号模块中光发射机的 W4 输出光功率旋钮,改变输出光功率强度;调节光接收机的 W5 接收灵敏度旋钮和 W6 判决门限旋钮,改变光接收效果。观察 2 号模块中数字信号接收显示单元的光条 U5、U6、U7 的显示情况,也可以用示波器进行观测。

注:当光纤时分复用系统无误码时,接收端光条 U5、U6、U7 的显示情况应与发送端光条 U2、U3、U4 一致。7 号模块上的同步指示灯点亮。

④　观测模拟信号传输效果:

调节信号源模块 W1,使 A – OUT 输出为 1 V;用示波器对比观测 A – OUT 和 1A 号模块的 TH6(音频接口 2),观察模拟信号经光纤时分复用及解复用系统的传输情况。

⑤　观测光纤时分复用系统的中间过程测试点的数据:

用示波器分别观测 7 号模块的 DIN1 和 DIN2,观测复用端输入的 PCM 编码数据和光条开关拨码数据。再以 7 号模块的第 0 时隙帧同步信号 TP1(FS0)为触发,用示波器观测 FS0 和 TH10(复用输出),查看复用信号中数据的时隙分配位置情况,了解时分复用原理和过程。

【实验报告】

(1)阐述光纤时分复用系统架构,记录系统中各点的波形。

(2)有兴趣的同学可以尝试画出多路信号复接的光纤传输系统,简述其工作原理和架构,并在该系统平台上加以验证。

# 实验 11.2　光纤通信波分复用系统（选做）

## 【实验目的】

了解和掌握光纤接入网中波分复用技术原理及实现方法。

## 【实验内容】

（1）搭建 1310 nm 和 1550 nm 两种波长的光纤通信波分复用系统。

（2）验证波分复用器的特点功能。

## 【实验器材】

（1）主控 & 信号源模块、1A 号模块、25 号（1310 nm）模块、25 号（1550 nm）模块

  各 1 块

（2）双踪示波器  1 台

（3）连接线  若干

（4）波分复用器  2 个

（5）法兰盘  1 个

## 【实验原理】

（1）实验原理框图（见图 11.2.1）

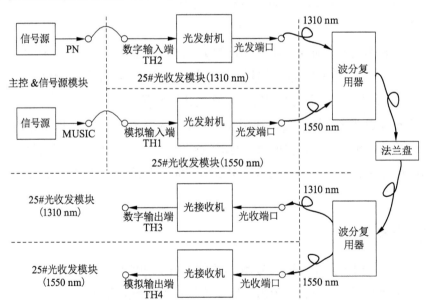

**图 11.2.1 波分复用系统框图**

（2）实验框图说明

本实验是利用波分复用器的合波和分波功能，将两路光信号合成一路，在光纤中传输的过程。如波分复用系统框图 11.2.1 所示，系统主要由模拟信号源、数字信号源、1310 nm 光发射机、1310 nm 光接收机、1550 nm 光发射机、1550 nm 光接收机以及两个波分复用器和一个法兰盘组成。图中数字 PN 序列由波长为 1310 nm 的光收发模块进行传输，模拟信号由波长为 1550 nm 的光收发模块进行传输。

（3）波分复用器的光波传输独立性验证方法

光纤波分复用器最基本的特性就是对不同波长的光信号的传输具有独立性。所谓独立性,就是波分复用器中不同波长的光信号之间互不干扰。我们可以参考波分复用系统实验框图 11.2.1 以及对立性验证框图 11.2.2,验证波分复用器的独立性。

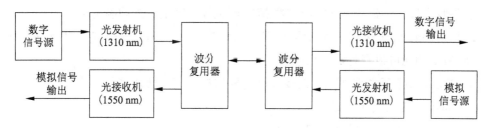

图 11.2.2　波分复用器的独立性验证框图

从图中可以看出,验证独立性时,只需将原波分复用系统框图中某路光的传输方向反过来即可,图中是改变了模拟信号的传输方向。由于光波传输的独立性,两个方向的光波信号应无干扰地正常传输。

## 【注意事项】

（1）在实验过程中切勿将光纤端面对着人眼,切勿带电进行光纤跳线的连接。

（2）不要带电插拔信号连接导线。

## 【实验步骤】

（1）系统关电,参考系统框图 11.2.1,按下面说明依次连线。

① 用连接线将主控信号源模块的 PN 序列连接至 25 号模块(波长 1310 nm)的 TH2 数字输入端,即 1310 nm 的光收发模块用于传输 PN 序列。

② 用连接线将主控信号源模块的 MUSIC 连接至 25 号模块(波长 1550 nm)的 TH2 数字输入端,即 1550 nm 的光收发模块用于传输 MUSIC。设置信号源 MUSIC 使输出为 1K + 3K 的合成波。

③ 将波分复用器 A 的 1310 nm 光纤接头连接至 25 号模块(波长 1310 nm)的光发端口;将波分复用器 A 的 1550 nm 光纤接头连接至 25 号模块(波长 1550 nm)的光发端口。注意:连接光纤跳线时需定位销口方向且操作小心仔细,切勿损伤光纤跳线或光收发端口,切勿带电操作。

④ 用法兰盘将波分复用器 A 的合路端口和波分复用器 B 的合路端口连接一起。

⑤ 将波分复用器 B 的 1310 nm 光纤接头连接至 25 号模块(波长 1310 nm)的光收端口;将波分复用器 B 的 1550 nm 光纤接头连接至 25 号模块(波长 1550 nm)的光收端口。

（2）设置 25 号模块(波长 1310 nm)的功能初状态。

① 将收发模式选择开关 S3 拨至"数字",即选择数字信号光调制传输。

② 将拨码开关 J1 拨至"ON",即连接激光器;拨码开关 APC 此时选择"ON"或"OFF"都可,即 APC 功能可根据需要随意选择。

③ 将功能选择开关 S1 拨至"光接收机",即选择光信号解调接收功能。

(3) 设置 25 号模块(波长 1550 nm)的功能初状态。

① 将收发模式选择开关 S3 拨至"模拟",即选择数字信号光调制传输。

② 将拨码开关 J1 拨至"ON",即连接激光器;拨码开关 APC 此时选择"ON"或"OFF"都可,即 APC 功能可根据需要随意选择。

③ 将功能选择开关 S1 拨至"光接收机",即选择光信号解调接收功能。

(4) 进行系统联调和观测。

① 打开系统和各实验模块电源开关。

② 观测数字信号传输效果:用示波器对比观测 25 号模块(波长 1310 nm)的 TH2 数字输入端和 TH3 数字输出端。调节模块中光发射机的 W4 输出光的功率旋钮,改变输出光的功率强度;调节光接收机的 W5 接收灵敏度旋钮和 W6 判决门限旋钮,改变光的接收效果。数字输入端和数字输出端的码元完全一致即可。

说明:在各模块设置好功能初始状态,对接收的判决门限和接收灵敏度进行调整后,输入输出数据应一致。

③ 体会模拟信号传输效果:调节 25 号模块(波长 1550 nm)的 W5 接收灵敏度,对比观察光接收机模拟输出端 P4 和光发射机的模拟信号源的波形。

说明:在各模块设置好功能初始状态,对接收的接收灵敏度进行调整后,输入输出数据应一致。

④ 验证波分复用器的光传输独立性:

关电,参考原理说明框图 11.2.1。改变 25 号模块(波长 1550 nm)上的波分复用器的端口连接方式,即只需将该模块上的光纤接头对调位置即可。再模块开电,调节相应旋钮,感受音乐输出效果。

注:光纤传输接口和电缆最大的不同是存在插入损耗,每经过一个活动接连器就会有一定的传输损耗。实验完毕,请将用到的器件及光接口进行恢复并装上防尘帽。

## 【实验报告】

(1) 画出波分复用系统组成框图,阐述波分复用系统原理和特点。有兴趣的同学可以想一想光波分复用与光时分复用之间的异同点。

(2) 记录并画出 PN 序列经波分复用系统传输的输入和输出波形。

# 参考文献

［1］王映民,孙韶辉.5G 移动通信系统设计与标准详解［M］.北京:人民邮电出版社,2020.

［2］周峰,高峰.移动通信天线技术与工程应用［M］.北京:人民邮电出版社,2015.

［3］钟顺时.天线理论与技术［M］.2 版.北京:电子工业出版社,2017.

［4］王建,郑一农,何子远.阵列天线理论与工程应用［M］.北京:电子工业出版社,2015.

［5］黄玉兰.射频电路理论与设计［M］.2 版.北京:人民邮电出版社,2014.

［6］朱辉,冯云.实用射频测试和测量［M］.3 版.北京:电子工业出版社,2016.

［7］王琪.通信原理［M］.2 版.北京:电子工业出版社,2018.

［8］杨学志.通信之道:从微积分到5G［M］.北京:电子工业出版社,2016.

［9］吴永乐,刘元安,张伟伟.微波射频器件和天线的精细设计与实现［M］.2 版.北京:电子工业出版社,2019.

［10］宋铁成,宋晓勤.移动通信技术［M］.北京:人民邮电出版社,2018.

［11］梁猛,刘崇琪.光纤通信［M］.北京:人民邮电出版社,2015.

［12］孙学康,张金菊.光纤通信技术［M］.3 版.北京:人民邮电出版社,2014.

［13］刘崇琪,吕淑媛.光纤光学与技术［M］.北京:人民邮电出版社,2015.

［14］乌日娜,宁日波.新型激光器件与 LIBS 技术［M］.北京:电子工业出版社,2017.

［15］欧海燕,沈超.可见光通信新型发光器件原理与应用［M］.北京:人民邮电出版社,2020.

［16］李允博.光传送网(OTN)技术的原理与测试［M］.北京:人民邮电出版社,2014.

［17］王健,魏贤虎.光传送网(OTN)技术、设备及工程应用［M］.北京:人民邮电出版社,2016.